ALVAR AALTO

阿尔瓦·阿尔托全集

（第2卷：1963—1970年）

[瑞士] 卡尔·弗雷格 编

王又佳 金秋野 译

江苏凤凰科学技术出版社

图书在版编目（CIP）数据

阿尔瓦·阿尔托全集．第2卷，1963—1970年 /（瑞士）卡尔·弗雷格编 ；王又佳，金秋野译．-- 南京 ：江苏凤凰科学技术出版社，2018.6
ISBN 978-7-5537-9231-6

Ⅰ．①阿… Ⅱ．①卡… ②王… ③金… Ⅲ．①建筑设计－作品集－芬兰－现代 Ⅳ．①TU206

中国版本图书馆CIP数据核字(2018)第103444号

江苏省版权局著作权合同登记章字：10-2017-396 号

本项目由“北京未来城市设计高精尖创新中心——城市设计理论方法体系研究”资助，项目编号 UDC2016010100

阿尔瓦·阿尔托全集（第2卷：1963—1970年）

编　　者	[瑞士] 卡尔·弗雷格
译　　者	王又佳　金秋野
项目策划	凤凰空间／李文恒
责任编辑	刘屹立　赵　研
特约编辑	李文恒
出版发行	江苏凤凰科学技术出版社
出版社地址	南京市湖南路1号A楼，邮编：210009
出版社网址	http://www.pspress.cn
总　经　销	天津凤凰空间文化传媒有限公司
总经销网址	http://www.ifengspace.cn
印　　刷	广东省博罗县园洲勤达印务有限公司
开　　本	710 mm×1 000 mm　1／12
印　　张	19
字　　数	137 000
版　　次	2018年6月第1版
印　　次	2018年6月第1次印刷
标准书号	ISBN 978-7-5537-9231-6
定　　价	248.00元（精）

图书如有印装质量问题，可随时向销售部调换（电话：022-87893668）。

序

建筑师的良心

好的住宅建造不必具有任何正式的理由，它不仅仅是一个单纯的设计或配置色彩问题。好的住宅建造开始于给定城市中的建筑环境，实际上甚或更早。

生活区域依赖于它周边已经设计或建设好的城市环境，所以将两者分离开来是不可能的。同样城镇规划也不能仅仅限定在城市的设计范围内，它必须被放在与给定的城市区域及其腹地相关的更大的区域内进行思考。否则将不可能恰当地满足人类需求，进而不能得到任何与社会相和谐的解决办法。

在北方，在我出生的那个“半蛮荒”的国度，在某种程度上来说，这类城镇规划问题自然要比欧洲中心那些人口稠密的国家容易解决。例如，芬兰在面积上与德国相等，但是它仅有400万人口。这里有足够的空间可以用来尝试，用来与自然环境相嬉戏，用来将外面的自然与家紧密地联系在一起。但不幸的是这种可能性并没有很好地被利用。像芬兰这样的国家总是把自己当作乡下人。他们非常希望将外部世界中的奇观复制到自己的国家。甚至时至今日仍然存在复制的风尚，说起来，好莱坞就是我所知道的建造最差的城市。尽管如果基于明智的规划，芬兰人所处的自然环境可能发展出一类更好的建造方法，但现实就是如此。

根本来说在原始的自然中间建造一座完全崭新的城市并不容易。而如果对建筑师说：在这里有一片森林，这里是一个湖泊，现在请在这里为两万人建造一座城镇，则会很容易。以德国的标准来说两万人并不算多，但是在北部则是一个相当大的人口规模。我最近恰好被问及是否古老的欧洲城市并没有过时——它们当然过时了，所以这种讨论离题了，那些城市没有任何进一步的发展，在今天只应该建造新类型的城市。但是我相信我们不应该，也不能将之绝对化。

在人类的生活中既包含着传统也包含着创新，两者等价齐观。传统不能被完全抛弃，也不能被看作是应该被新事物所取代的旧事物。在人类的生活中连续性至关重要。通过好的城市规划方法将老城组织起来完全可能，这种新的方法具有新的自然保护理念，能够创造愉快的生活环境。当然这是非常困难的，但却是可能的。

我曾被问及在芬兰是否每一个小城都有官方的城市规划，这就意味着建筑师所关注的完全是城镇规划和公共项目。在芬兰，大多数城镇确实是这样的。然而，我认为这对于芬兰来说仍然没有解决问题。城镇与城市作为一种物质现象所包含着的重要问题，不是仅仅靠官员与建筑师就能够解决的；依据固定的城镇规划建造的建筑所带来的问题将会是巨大的、难于化解的。

一旦城市建成，就没有改变的可能。我现在站在这里，这里是欧洲的一部分（慕尼黑），在这里曾经驻扎着罗马军团。到现在是否仍未明确这些城市的规划是间接由罗马人制定的标准所决定的？虽然这些城市曾被一次次摧毁与重建，但人们对它的记忆仍然停留在罗马占领时期。甚至在今天这种记忆仍是一种衡量城市规划与居住区生活模式问题与变化的标尺。只能够期望大多数的公众会关注这类问题，并且所有的相关人士都会一齐为住宅建设创造一个适宜的规划基础。

那么，事实上是什么带来了特定区域的快乐生活？居住在一个固定的地方本身就是人类生活的重大奇迹之一。为什么可怜的人类要在建筑中工作、吃饭与生活。虽然所有的动物无一例外要吃东西，但并不是所有的动物都生活在固定的住所中。毫无疑问，居住问题是我们必须解决的最重要的问题之一。我们全部的文化都基于我们居住的天性。愉快的生活究竟来自于大花园中的小房子，来自无干扰的私密家庭，还是来自高度密集的大城市？这个问题还没有答案，而且永远都不会有答案！

我记得苏联曾经委托一名德国建筑师为当时的政权做城市规划。他们设定了城市规模的上限。每一座城市的居民不能够超过 15 万人，而且如果考虑到所有可能因素，会更少，大概只有 6 万人。欧洲的城市已经超出了他们的规划人员及官员的控制范围，它们已经成为或者正在成为 100 万人口的城市，这些城市在心理上，甚至在生理上都是不适于生活的。那么上述所提及的俄国规划的结果如何？经过多年的论证之后，结果是俄国的政府主张知识交流，仅仅这一个理由就使得居住在一起变得有价值，而这种现象只能发生在大都市之中。最多只有 15 万人口的新中心在政府的眼中也显得过时了。

那么限度在哪里？我们是应该在开敞的乡村独立地生活，还是仅仅因为需要知识交流的原因生活在密集的人群中？我相信每一种生活状态都是必需与可能的。

我们是应该建造独立的住宅还是高耸的公寓？理想的状况是既能够建造一种高层公寓，又能够使其中每一个单元都有与独栋住宅相同的物理品质。在柏林，我试图在我的国际住宅博览会的住宅中解决这个问题，但自然我没有得到任何适宜的解决方法。人们不可能简单地建造一座高层公寓而拥有与独栋住宅相同的品质。然而毕竟我们两者都需要，因此就必须发展出一种高层文化，使其中的生活尽可能地与小的私人住宅大致相同。

有着开敞的玻璃墙和阳台的住宅，人们可以看到其内部活动的每一个细节，这样就不能提供足够的私密性。我们必须建造这样的住宅：在其中每一个独立的家庭都能够真正感到私人住宅的感觉，而且尽可能地与邻居相隔离。无论什么样的设计摆在我们面前，无论我们的生活表面看起来是什么样子，即使有数百颗人造卫星在飞来飞去，而家庭仍然保持着原初的单元结构。我们不能再继续做这种简单的假设，即人类将过着两种生活，一种集体的生活，一种私人的生活。这两种综合因素就像睡觉与工作一样不具可比性。我们必须建造房子来保证每个人的私密生活，以及其他需求。

这一问题的解决可以有千万个不同的方法，但基本的方法必须保留。建筑不仅仅是装饰，即便说它不是占据支配地位的伦理问题，那么也是一种深刻的生理性课题。触及到了伦理的维度，我接下来要论及居住问题的形式方面。室内装修与室内装饰只是试图补偿住宅与自然环境之间交流的缺失。我相信每一个有思想的人都会支持我的这个观点，这一客观事实甚至会在每一个设计中体现出来。

人们甚至可以可笑地坚持住宅中所运用的织物是自然的象征。这些织物的质感、色彩及设计再现了绿色的田野和鲜花，这就是说，人们所生活的大都市，已经是一个不再拥有自然的元素的世界了。事实上，最初织物是自然的材料，但用织物所做的第一件家具、第一次室内布置就已经是流行的产物了。如果说有这样一种文化，人们的生活方式由织物所决定，那么我们所能想到的仅仅是游牧民族的帐篷。

我已经说过，我仅仅从伦理的视角来评价形式问题。让我来说应该这样做，不应该那样做，倾向于这样，而排斥其他是不可能的。我相信在一座房子里和谐地生活是我们所必需的生理准则。与形式相比这个问题自然更是伦理层面的。形式、设计可以是多种多样的，但必须心存这样的想法，即最好的设计应该符合经典的范式。可以有很好的理由来解释这种说法，它们应该是自然的、有生机的，而不是卖弄风情的。

人类的生活是悲剧与喜剧的组合。我们周围的形状与设计则是这些悲剧与喜剧的伴奏音乐。家具、织物、色彩搭配和结构应该被认真与恰当地制造出来，而不与人类生活中的悲剧与喜剧产生冲突。在这方面它就相当于得体的服装与得体的生活。

所有夸张的设计都会嘲笑我们，甚至更糟。我相信如果更多地关注伦理因素，在诸多领域都有强大潜力的工业可以帮助我们避免滑稽的夸张，并在诸多方面都可以帮助人类更和谐地生活。如果通过这些方法可以改进城镇规划、住宅、公寓以及室内装置，我们将会获得满足，因为这样我们将可以在不愉快的人类灵魂中投下一丝光亮。

阿尔瓦·阿尔托，1957 年

艺术

通常大众只能区分两类艺术。一类是画面中的自然世界、人物和其他所有的事物都尽可能是一种再现真实生活的态度，称为自然主义，而另一类，与之相反，我们有非再现的艺术，或者其他我们想随便称呼它的那一类艺术。在后一种情形中，艺术形式的创造完全来自于艺术媒介自身。然而这种分法只是一种肤浅的区分，因为艺术作为人类生活的一种核心现象不应该这样被截然分开。几千年来艺术也没有从自然所包围的人类环境中脱离开来，而且将来也不可能脱离。

对于建筑而言，建筑所表现出来的使命以及目的则有一些不同的偏离。在过去的几十年中这个问题又一次被重新问起："你是传统的还是现代的？"我们就再一次有了两个阵营，这种分法与我们在前面所讨论过的艺术的分类一样肤浅。然而，这种区分与艺术的上述区分其意义却不尽相同。在建筑学中古老的传统风格是为自由设计所抵制的，然而，在艺术中艺术家所面临的抉择则是是否要复制自然。

不过建筑也不能将自己与自然和人类因素脱离开来，相反，永远也不能脱离。它的功能是将"自然"与我们拉得更近，在这里"自然"被理解成为一种具有非常广泛意义的自然，包含全部人类以及它的城市与文化。就设计而言，它的发展与其他的艺术必须遵循同样的原则：在建筑学中，富于创造性的设计师也必然会获得完全的自由，但建筑学还包含着更为深刻的人类的天性与人类的世界，这些因素与建筑与其他艺术相比尤显重要。

看起来不断升级的争论在所有的艺术院校中都有一个共同的目的，但是我不能准确地定义它。新的发展原则在绘画与雕塑中已经出现，或许建筑学也与之相似，但在表面上却没有显现出来。这些新的原则必须通过全面与艰辛的阐释才能够辨明，别无他法。

因此，艺术首要的原则是永远以人类为中心的形式的自由创造。

阿尔瓦·阿尔托

前　言

阿尔托工作室中的建筑师

每一项建筑设计从一开始的试探性草图到业主开始使用之日都是一个令人着迷的过程，而且这一过程自始至终都会带有阿尔托个人的烙印。每一件事都保持着可变的状态，因为直到“理念”的最终实现，诸多不同的方法、比较和思考都是必需的，而且建筑师助理也对这些修改充满了热情。

整年当中会有许多客人造访阿尔托的工作室，他们的第一印象是这是一间普通的建筑师事务所，有图板、案柜、一堆堆的纸和蓝图卷，有的时候所有的图板都被勤勉的助理完全占满了，而有的时候事务所则显得空荡与空闲。然而这只是表面的现象，事实上总有这些或那些项目在向前推进，直至深夜，甚至在假期也会有助理在工作岗位上。工作的开始与结束并没有明确的日期与时间，因为工作是完全依照阿尔托的原则在运转：

“专注于建筑是一件需要一个人全副身心并付诸行动的事，这里没有开始，也没有终点。”

“在建筑学中没有孤立的问题，每一件事都与其他所有的事相互关联。”

“建筑师应该知道所有的事情，从城市规划到最小的附属之物。他是所有专业领域的协调者，因为他必须发现并将出现的文化用形式表达出来……”而且，具有些许讽刺意味的是：“事实上建筑师是我们这个世纪唯一可能尚存的一类独裁者。”

在与阿尔托的私人接触中，再一次感受到他是怎样热忱地工作而且是怎样看待自己职业的，他试图抓住我们这个时代的全部问题并寻求某些形式将其表达出来。他无暇顾及建筑形式理论，在语言与隐喻方面发现形式是每个人的责任，在这里理论是没有任何用处的，只有被观察着的鲜活的人生才能给我们带来准则。

每一个项目都是阿尔托通过无数的草图精心完成的，从纯粹的概念图纸到可见的细节设计都是如此。接下来负责这个项目执行的主任建筑师将开始把这些材料付诸实践。通过与阿尔托的密切合作，他研究这些草图及图示并将其转化为概念设计以提交给业主和结构工程师。

基本的概念通过这种方法建立起来，并且大体上清晰可见，经过确认，真正的建造工作就可以开始实施。所有这些事完成的过程，从一开始就是和与建筑相关的专业人士相配合进行的。然而这些专业人员仅仅完成技术咨询的任务，是在阿尔托总体设计的主线之下来探讨是否必须采用新的技术解决方案。这并不意味着任何不合理的要求。阿尔托甚至关心许多争论、异议和表现出来的错误，问题应该怎样在形式上解决，接下来是否在事实上解决，都完全处于他的控制范围之内。

在一项工程中，如果从静力学的角度来看，对工程师提出了非常高的要求，而且最后发现阿尔托的设计不能以那种形式进行实施。那么，双方都会提出数不清的改进建议，进行比较与讨论。很长一段时间以后工程师发现了一种数学上的静止系统，建筑可以竖立起来，并与已经被忘记很久的初步方案相比较，令每个人惊讶的是除了一些不重要的偏离之外，新旧方案是相切合的。

在规划与工程领域并不是每一个建筑都表现出新的进步，更多的创新是运用新的材料进行试验，并且尝试将成果通过新的设计方法用于建筑。这样在早期，制造商与建筑师的对话就变得生动起来。

“不能允许任何事情仅仅流于规则，因为只有这样才可能触及问题的根基，方法上的规则化与教条化是任何类型文化活动的死因。”

在实际执行阶段则充满了主任建筑师的烙印并由其指挥，在这一阶段他与所有与这一工程相关的任何代理相联系，包括专业人士、公众权威、承包公司和部分委托人。在每个项目中被选作主任建筑师的人都是在阿尔托团队里工作多年的成员。根据项目的范围与时间，会有一个或更多的同事来帮助他，帮助他的人通常会是处于培训阶段的员工或是学生。主任建筑师绘制所有的平面图，而且无论工程的时间有多久都只做一个项目，他会从项目的开始一直坚持到建筑的竣工。而在竞赛期间，根据工作量的大小，会组织起专门的小组，其中包括阿尔托、他的妻子爱丽莎、许多主任建筑师和一些有经验的同事。参加这样的竞赛项目会是一次难忘的经历，因为每一个人都有权参加，这种工作是紧张的、令人兴奋的，并且还可以与阿尔托本人密切合作。

另外，在实施方案与大概结构完成之前的间隙也会有与阿尔托短暂的私人接触的机会。他会仅从局外人的视角来监督工作，并且在整个工程的全部过程之中他也只是掌控基本的大方向。在此期间，阿尔托的工作则限于在业主或主任建筑师陪同下对工地的经常考察，并与承包商探讨合理化的问题。而且，因为芬兰的惯例，在斯堪的纳维亚的乡村，阿尔托的全部建筑都必须由承包公司建造。这些公司负责完成整个项目。这就是说，它们是代表工程与经济利益的公司，而建筑师在整个建造阶段仍保持着优先的决定权，因此承包公司可以调整细节以使公司的力量合理化分配。这样也为阿尔托提供了这样一种可能性，即按需要考察了基地以后，他可以在平面图上完全取消工程中那些需要大量空间且并不完全合理的部分，这样所有的空间要素都会变得清晰合理。这也会为工程的后续工作带来便利。

综合的、室内的以及细节的模型通常在整个建造施工过程中搭建在工地上，来指导参与项目的每个人，而且这些模型也能起到明确所有任务的作用。在大的框架建造完成之后，下一阶段则是关注细节，将建筑细化。直至竣工，所有的指导性原则都是由阿尔托制定的。

“人们总是精确地描述这个阶段，就好像这仅仅是一个建筑问题，但我们真正的工作只是遮蔽那些居住在建筑中的人。”

所有的这些过程并不包含除遮蔽意义以外的美化。更确切地说，整个过程是在试图通过使其清晰可见的方法来提炼已经存在的部分。

阿尔托所确定的各个建筑部分与建筑阶段的先后原则使得他甚至可以从一个相对不太大的任务中衍生出最多的变化，并在其上加注自己的印记。也发生过这样的事，在决定最终设计时，阿尔托从构筑混凝土所运用的支架的不同寻常的排布方式中获得了灵感。

灯具、家具、花瓶和所有那些使得房子变得适宜居住的东西，绝大部分都是阿尔托自己设计与试验的作品。这些并不是在阿尔托的工作室中创作出来的，而是与阿泰克家具公司（Artek）合作的结果。该公司于 20 世纪 30 年代早期由阿尔托创立，从事室内家具的创作。

“一个真正严肃的问题是发现形式，这是我们这个时代最基本的设计。”

卡尔·弗雷格，1968 年

目　录

注：本书外文原版出版于 1971 年，书中所述项目进度为当年情况。

塞伊奈约基城镇中心

教堂：1952 年竞赛，1958—1960 年实施

中心：1959 年竞赛

市政厅：1960 年设计，1962—1965 年实施

图书馆：1963 年设计，1964—1965 年实施

教区会堂：1963 年设计，1964—1966 年实施

剧院：1968—1969 年设计

塞伊奈约基（Seinäjoki）城镇中心项目已经在第 1 卷中出版了，这里的总平面图和模型照片反映了它进一步的发展。在此期间，教堂与教区会堂、市政厅以及图书馆一道竣工了。剧院和一座市政办公楼的扩建正处于设计阶段。

中心整体的模型照片：左侧，市政办公楼的扩建、剧院和图书馆；后面，市政厅；右侧，教区会堂有很大的露天庭院、教堂和钟楼，是塞伊奈约基的地标

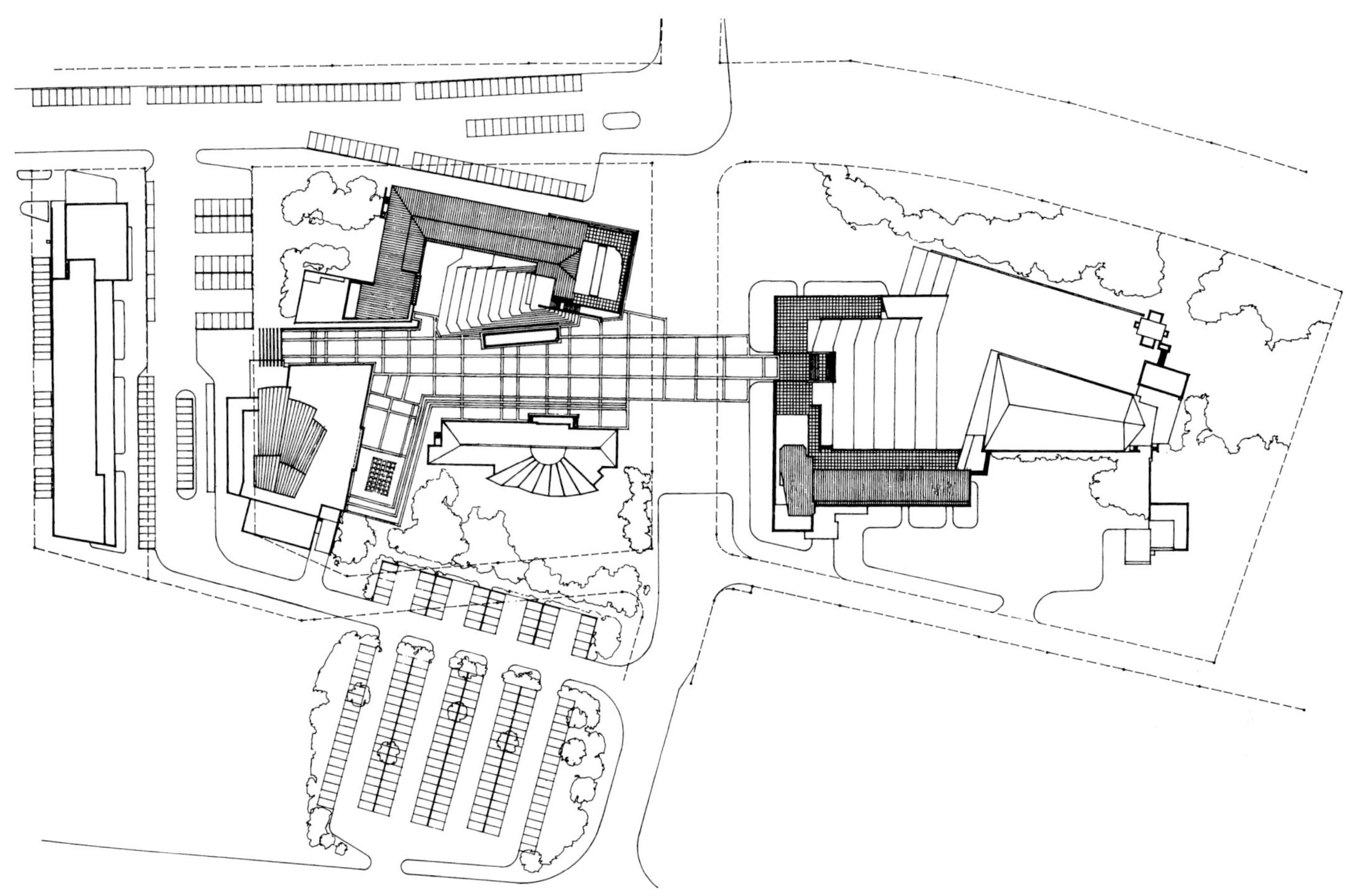

中心的总平面图：两条原有的街道被删除，以形成一个大的步行区域；机动交通则移至这座广场与建筑的综合体的外围区域；教堂建筑矗立在公园中；市政厅、图书馆和剧院围绕着一个伸长的广场形成街道的效果，这条街道从剧院开始在教堂广场的入口处结束

罗瓦涅米城镇中心

1963 年设计

罗瓦涅米（Rovaniemi）的城市中心意在成为这个城市的行政与文化中心。它坐落于政府大街（Hallitus Street）与瓦西路（Varsi Road）之间的狭长地带。市政厅的塔楼与剧院建筑分处于街道延长轴线的两端。两个区域截然分开的状况因扇形的图书馆得到了一些缓和。市政厅的塔楼因其高度原因形成了主要的特点，而且是这个普遍以水平线条为特征的综合建筑群中具有独特性格的设计。图书馆已经竣工。市政厅和剧院正在建设中。

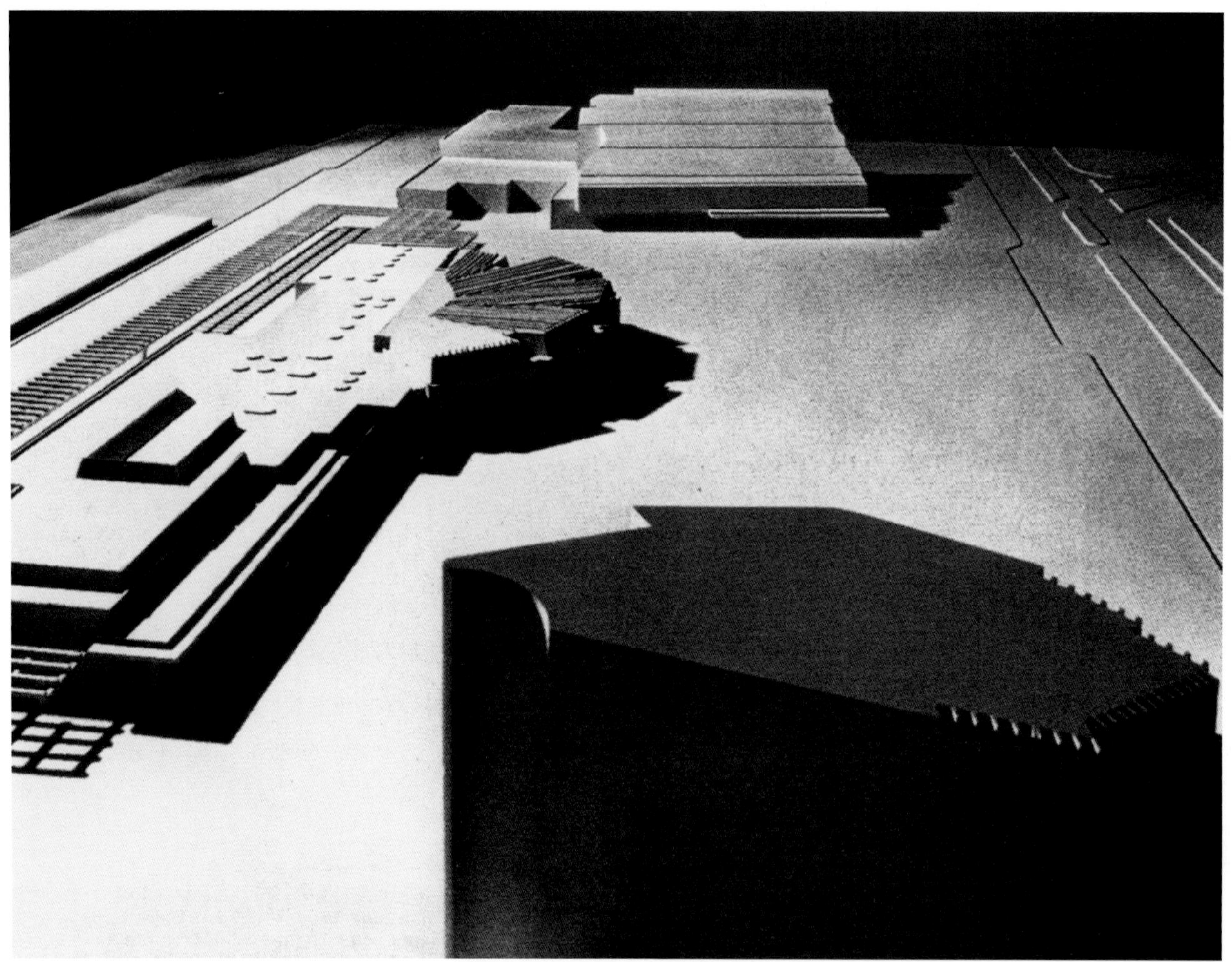

市政厅塔楼视角的模型照片：左侧，图书馆；远处背景，剧院

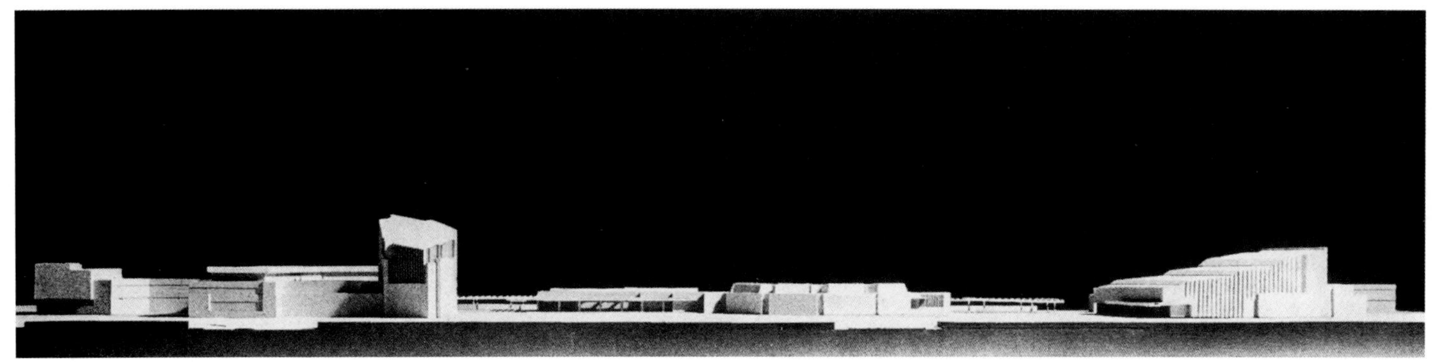
整个综合建筑群的模型照片：左侧，市政厅；中间，图书馆；右侧，剧院

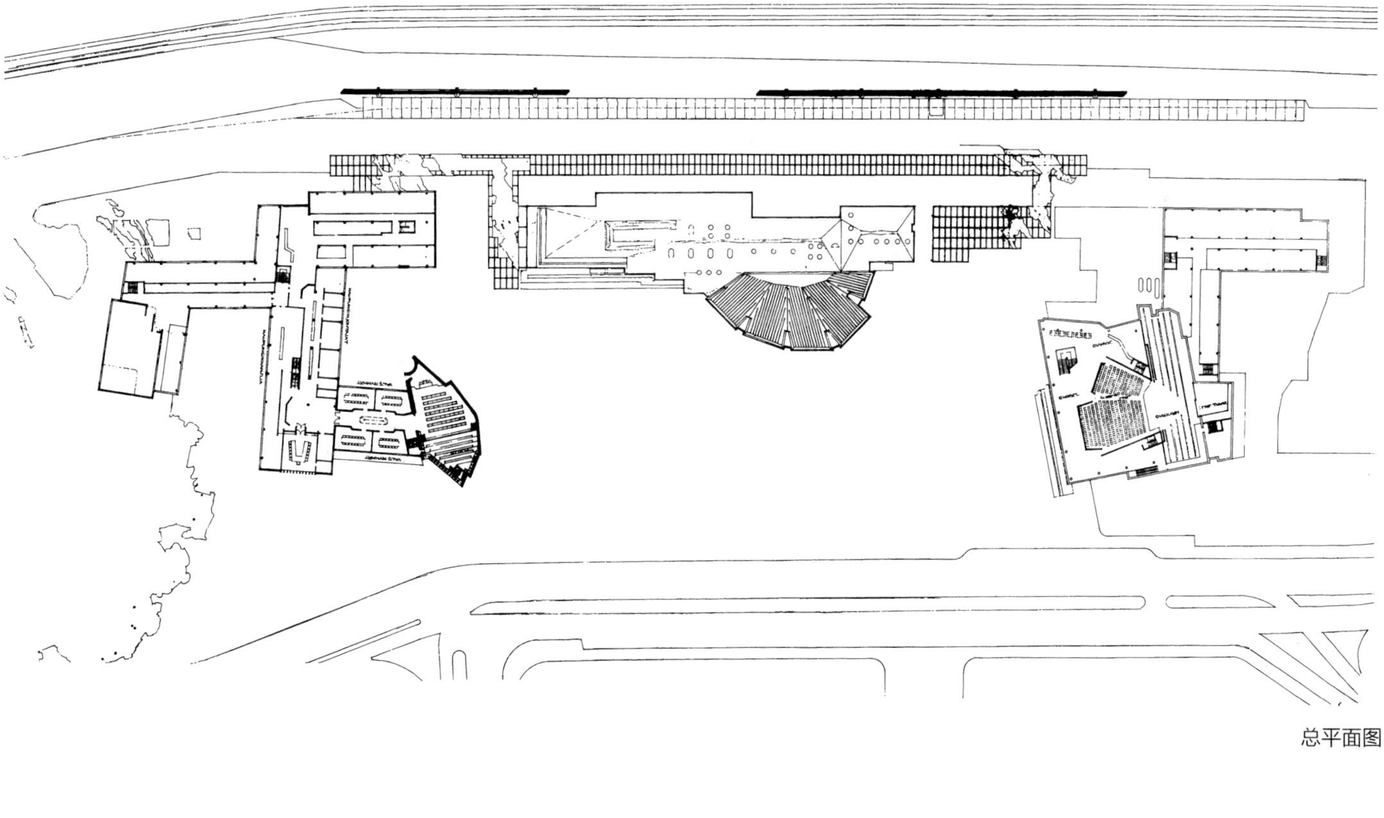

总平面图

于韦斯屈莱行政与文化中心

1964 年设计

新扩建的行政与文化中心将会坐落在于韦斯屈莱（Jyväskylä）的中心区域内，就像诸多芬兰的城镇一样呈方形排布。

新的建筑可以随时扩建，附属于已经存在的市政厅。会议室的塔楼成为大的市政厅广场中的焦点。广场中还有剧院，它可以有许多不同的用途。警察总署将会沿着街道建在公园的边缘。抬升的市政厅广场将已经存在的公园分成两个部分，这样就形成了一个中心的步行区域。

模型立面照片：前景，行政管理部门

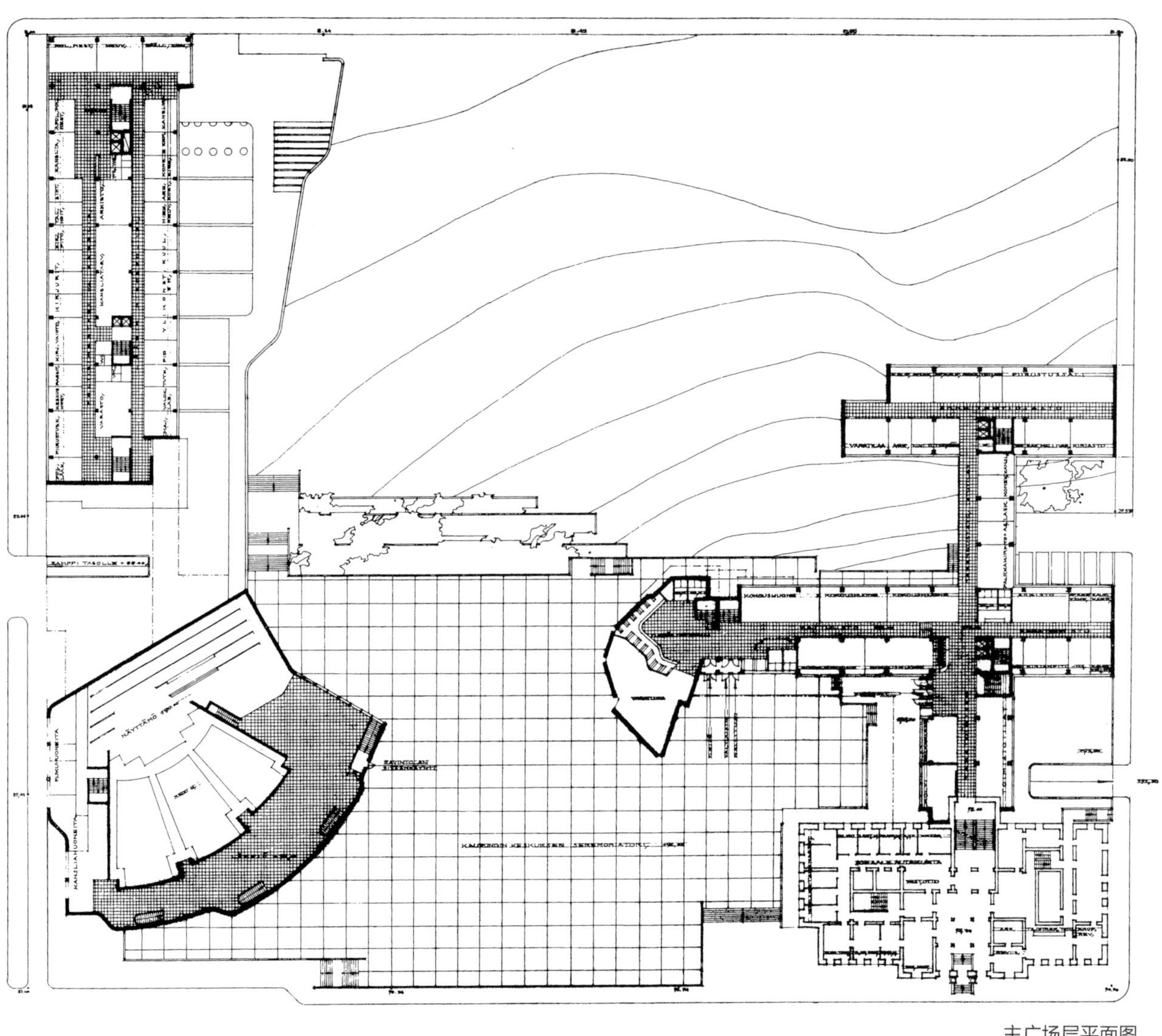

主广场层平面图

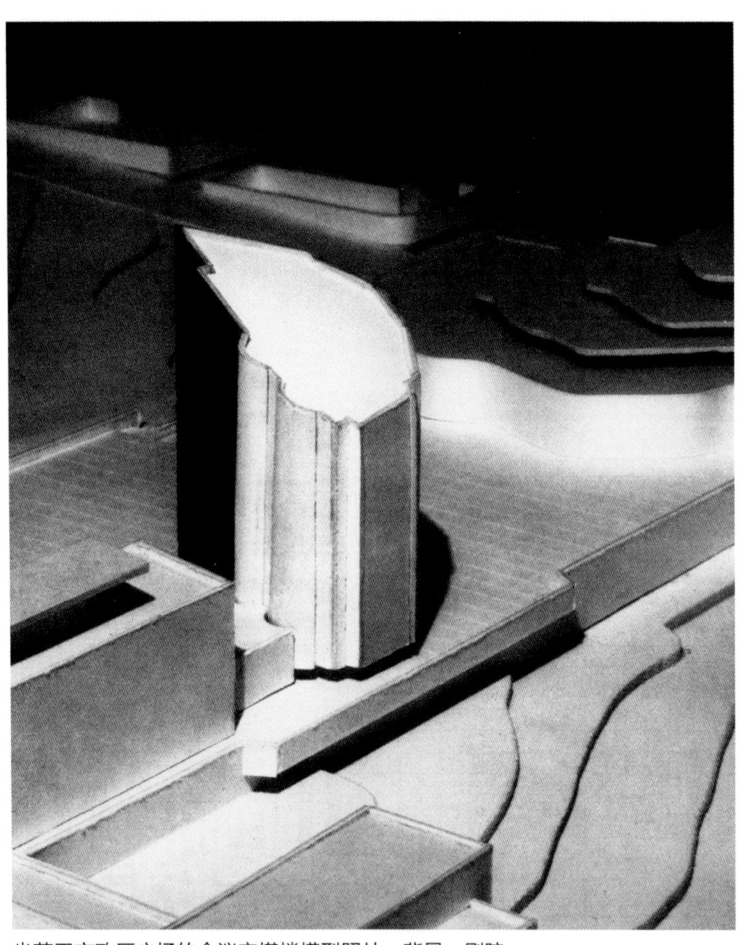

坐落于市政厅广场的会议室塔楼模型照片：背景，剧院

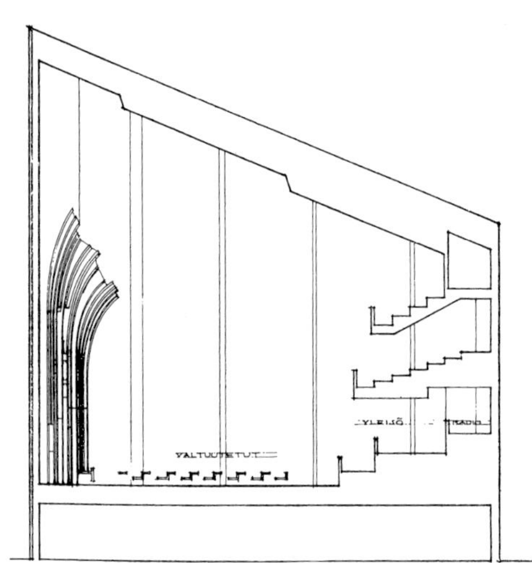

市政厅塔楼横向剖面图

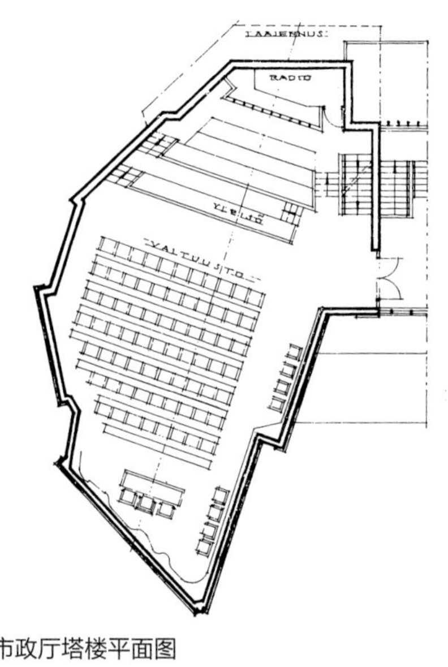

市政厅塔楼平面图

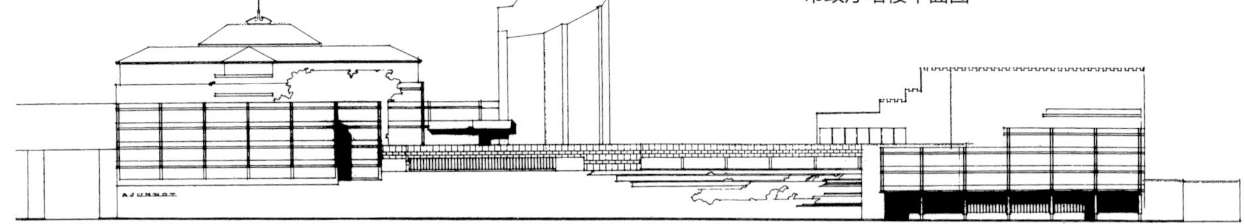

立面图：右侧，警察总署；左侧，地方政府办公楼

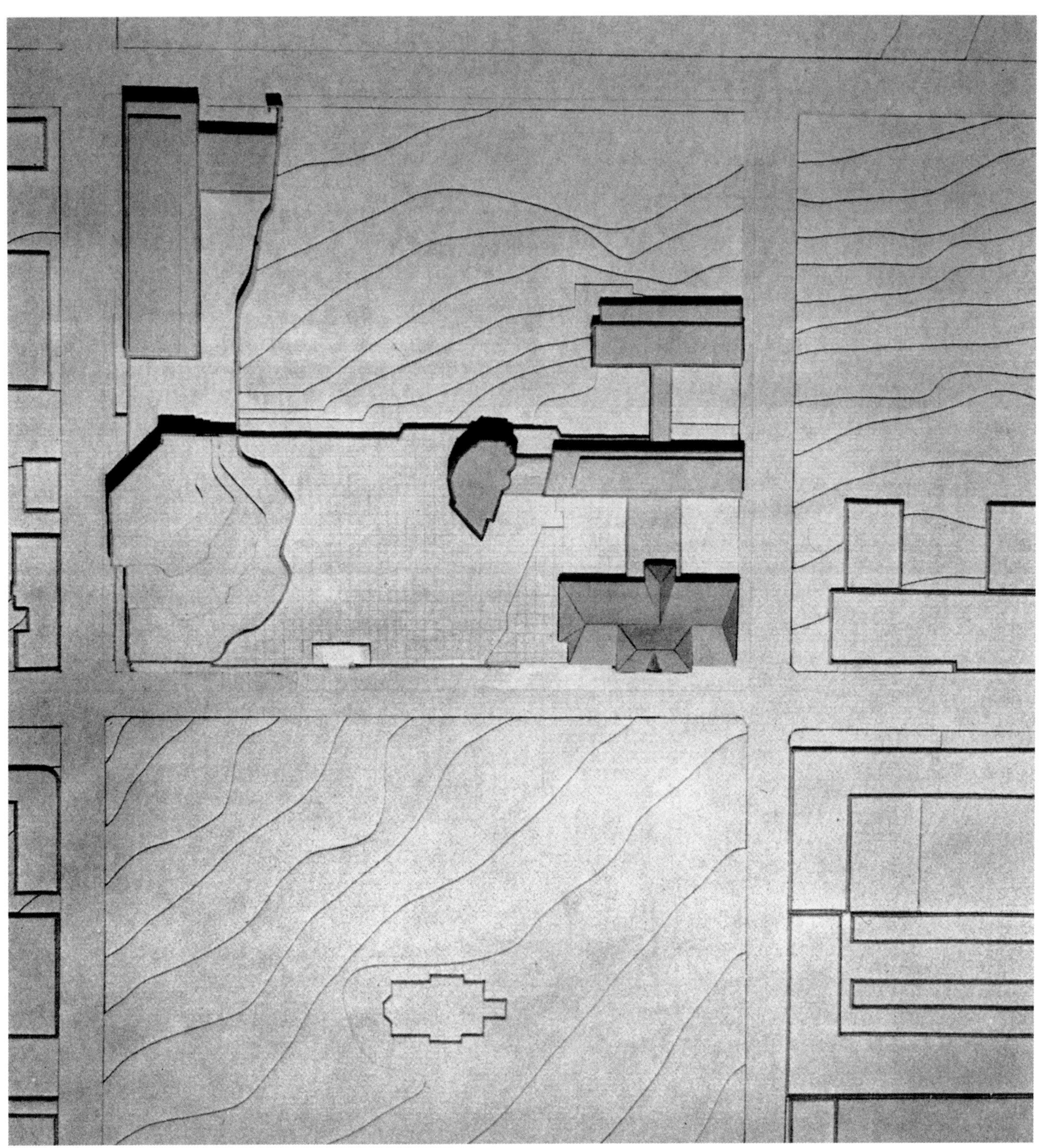

模型：右侧，原有的市政厅及新的附属建筑，可以看到行政区域的扩建范围是在穿过街道的右侧

勒沃库森文化中心

1962 年竞赛

这个竞赛期望得到特别的、多样化的方案，并要求空间规划。任务包括青年中心，其中有自己的剧院、俱乐部用房、工作间以及用于运动与娱乐的多功能建筑；青年音乐学校，其中包括练习室和报告厅；成人教育中心，包括各种大报告厅、教室和实验室；大的多功能会堂，其中包括一间电影院、一个实验剧院和一大一小两个剧院观众厅，每一个都可以灵活使用，在任何时候它们都可以被用作音乐厅、群众庆典和体育赛事场地，而且其中还有一个大餐厅；博物馆具有多种展览功能；地方图书馆，包括参考书图书馆、一个大的阅览室和青年图书馆。这些独立的建筑可以分步骤实施。

文化中心的基地有两个临街面，都朝向交通繁重的行车道，第三个立面面向主要的铁路线。因为城镇规划的考虑，这个工程将会很难实施。

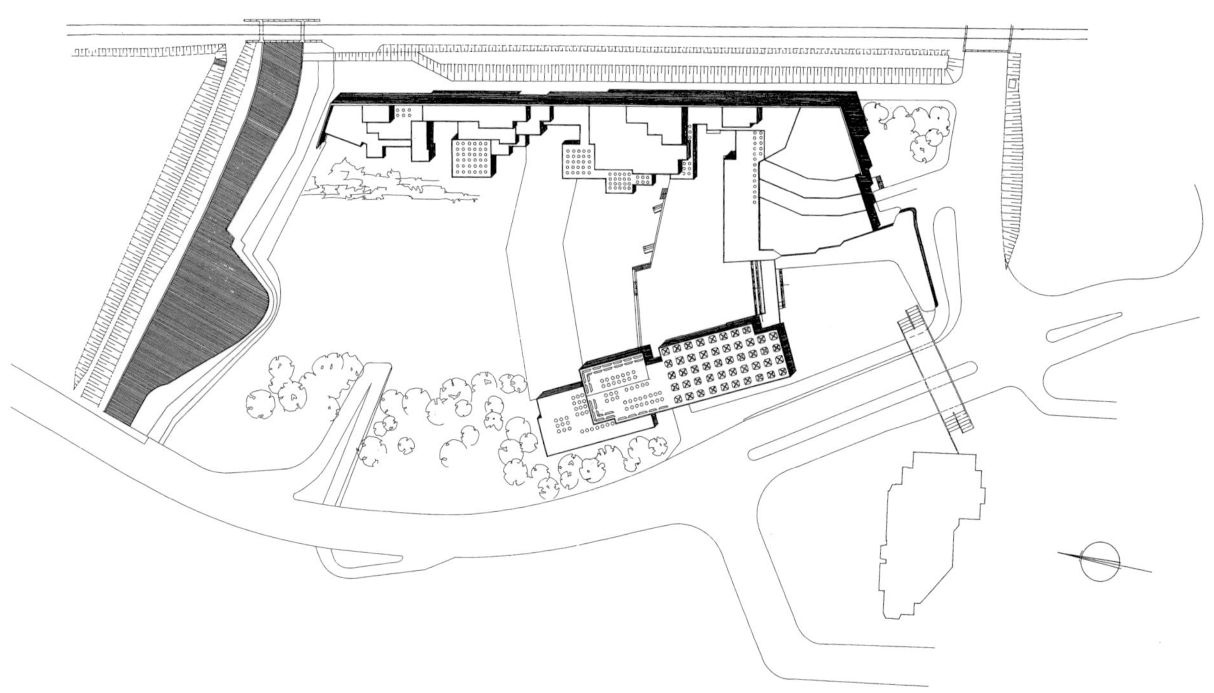

场地规划平面图：文化中心是一个人们可以沉思与交往的场所，应该坐落在一个安静的地方。但因可用基地的位置，这一基本的先决条件在勒沃库森不能满足，它的周围有两面是交通要道，第三面则是铁路线。考虑到这些周边因素，在这三面都设置了安静的步行区域，尽可能地与外部区域隔离开（以集会广场著称）。因为要隔离繁忙的铁路线，设计了一个超尺度的“挡墙”。在这堵墙的后面坐落着青年中心、青年音乐学校、成人教育中心和多功能会堂。博物馆和地方图书馆沿科隆大街（Kölner strasse）布置，接下来的边缘区域种植着各种树木。在阶梯状的室内庭院下面是停车场

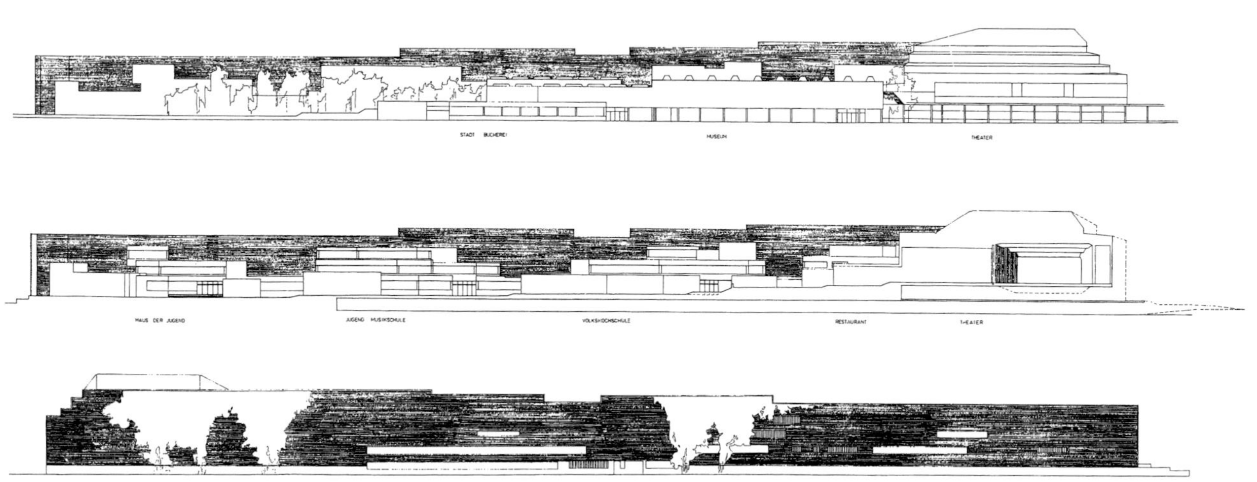

立面图：上，沿科隆大街的立面；中，多功能会堂面向挡墙的剖面；下，从铁路看向挡墙的立面

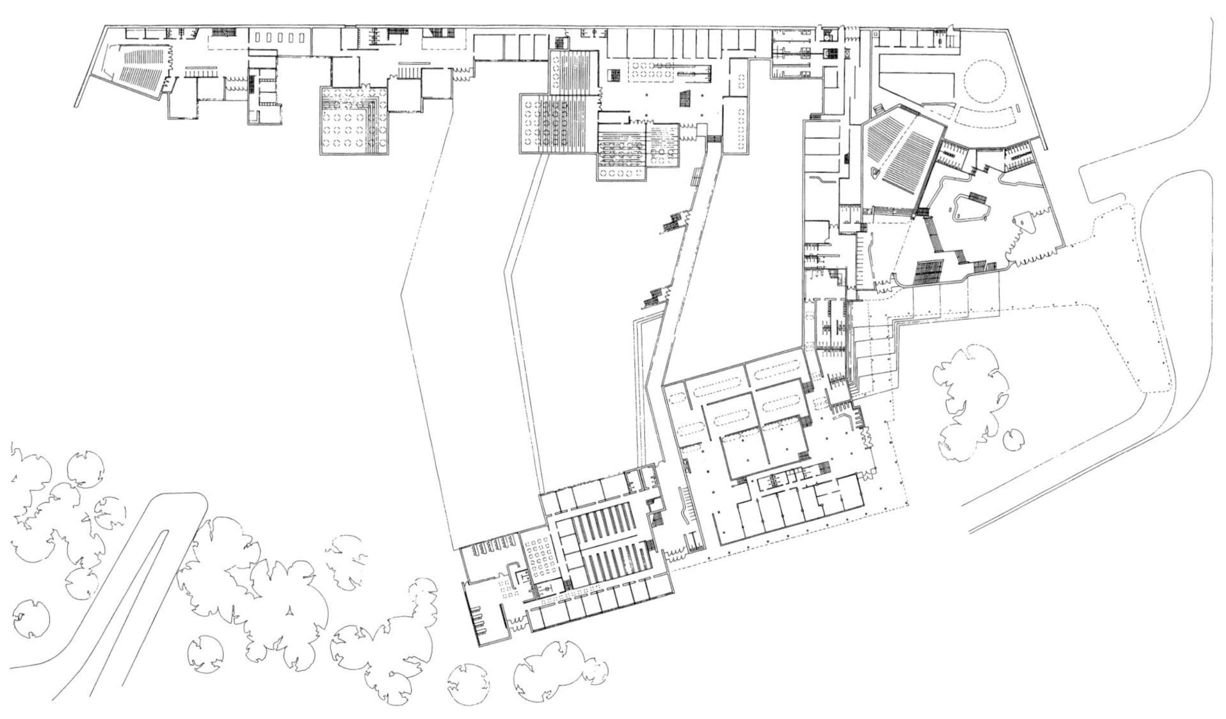

街道标高的入口层平面图：成人教育中心和多功能的图书馆经由地下通道连接，有楼梯直接通往地下停车区域

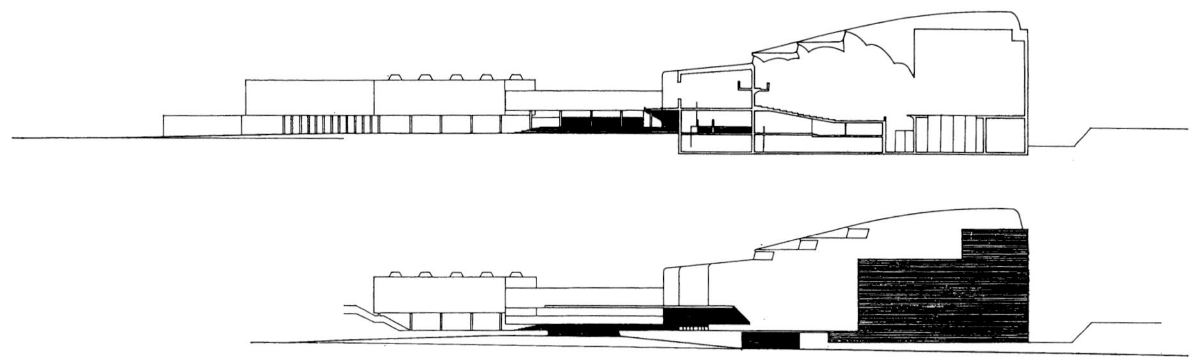

剖面图和多功能会堂立面图：可以通过几排天窗自然采光

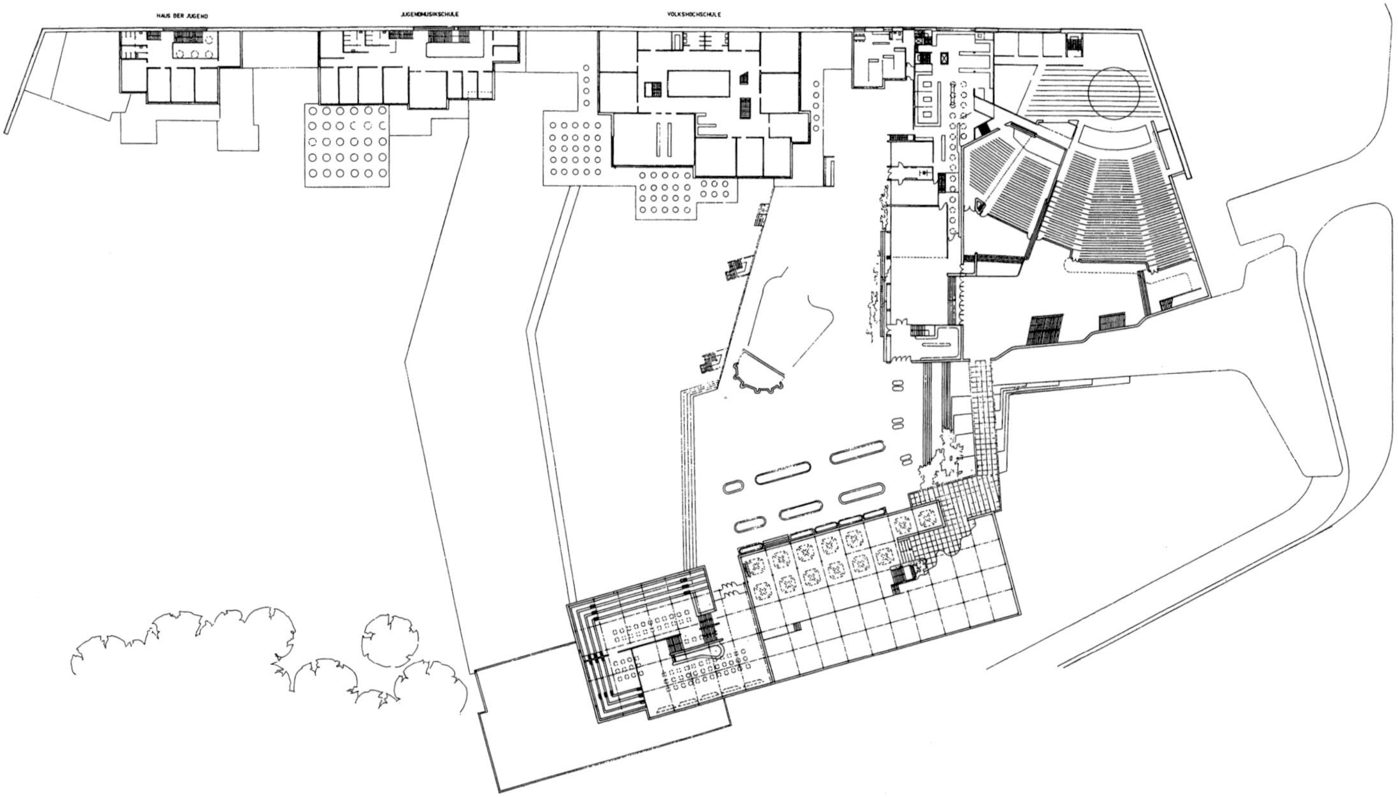

总平面图：包括台阶状室内庭院、餐厅及其露台和小的音乐厅

卡斯特罗普劳塞尔城市中心

1965 年竞赛

在竞赛的规则中规定，卡斯特罗普劳塞尔（Castrop Rauxel）城市中心的规划必须具有一个合理的城市中心所必备全部的特征，即市政厅要有适当的附属建筑用于办公，用于多种文化活动的会堂，并有一座公共健康中心和一个运动竞技场。而且必须进行安排，使得每一个独立的部分都可以在不同的时期单独建造。

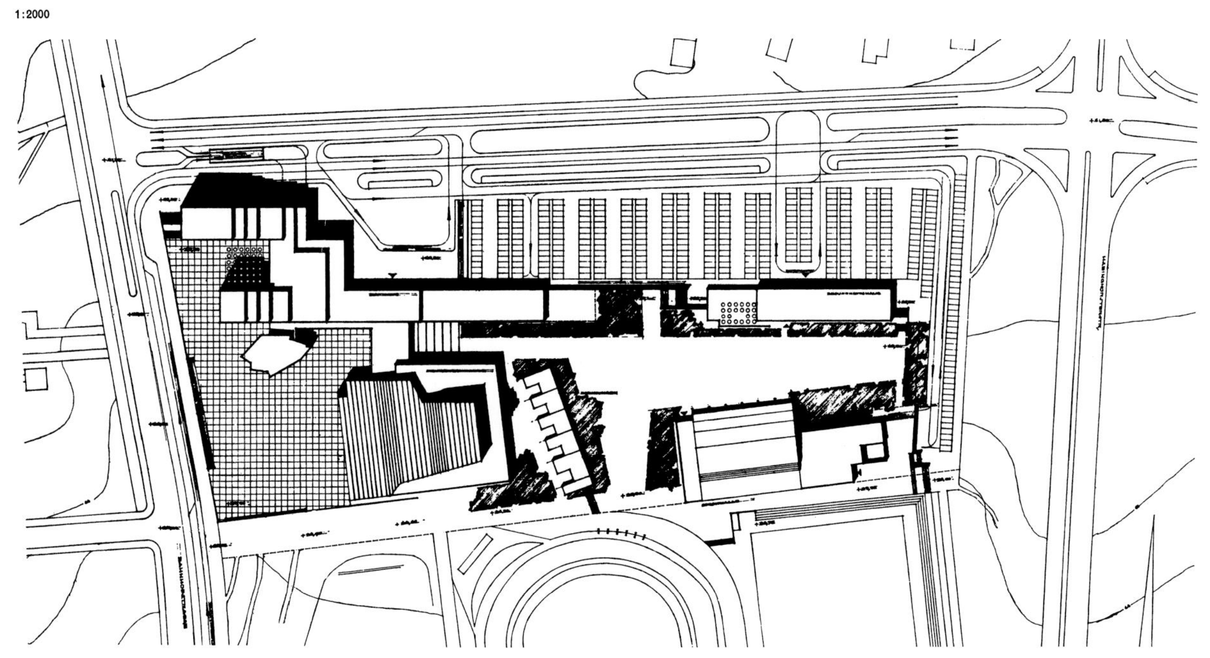

平面草图：包括行政办公楼、市政厅和按剧院座席布置的多功能会堂

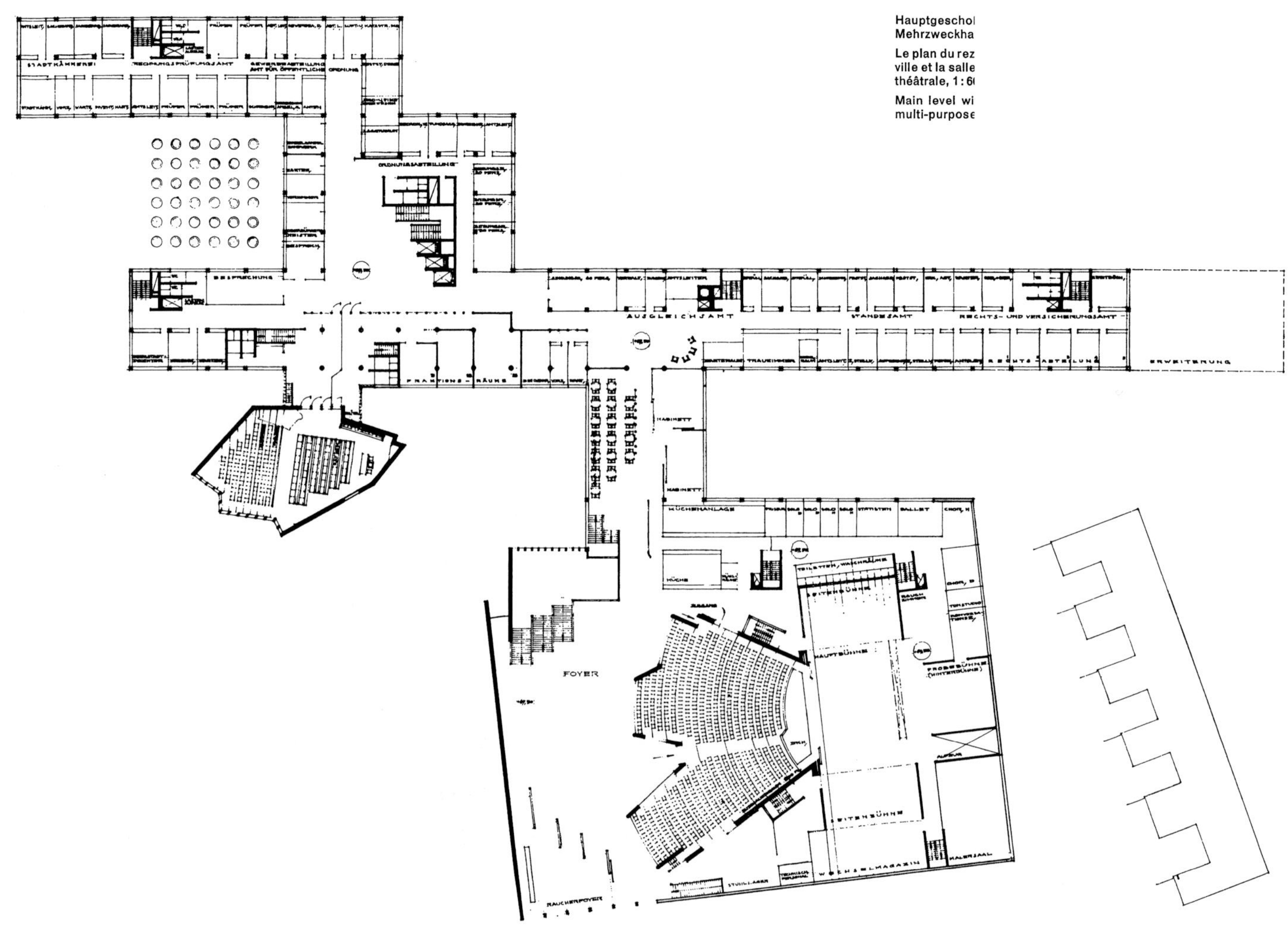

总平面图：内部的组织构想了两个独立的步行区域和广场以及位于外围的停车区域。行政楼、市政厅和多功能会堂前围合出公众广场，其开口朝向交通要道。这个广场高于交通层标高，有一个紧急疏散口。另一个广场朝向包括体育场在内的体育中心，其特征是有宽阔的林荫道。它主要是由运动竞技场和公共健康中心围合。而且还设计了一些住宅单元，这些住宅被刻意地安排在整体的几何图形组织之外

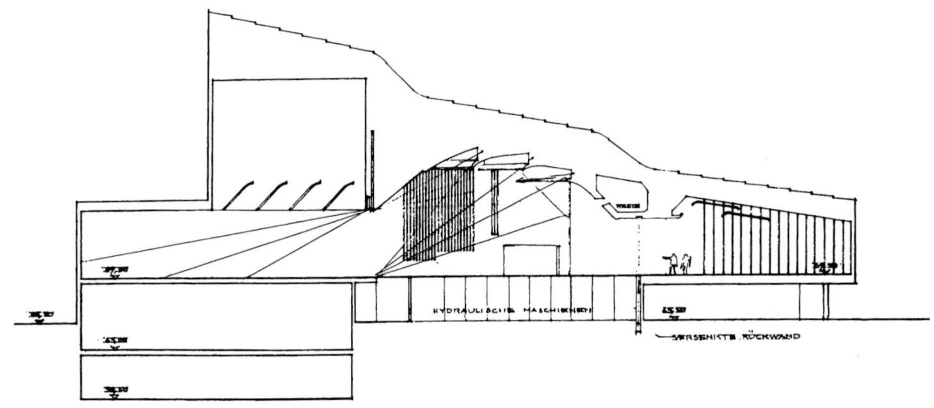

变化 1：有悬挂格栅的大宴会厅（与休息厅和舞台在同一楼层）

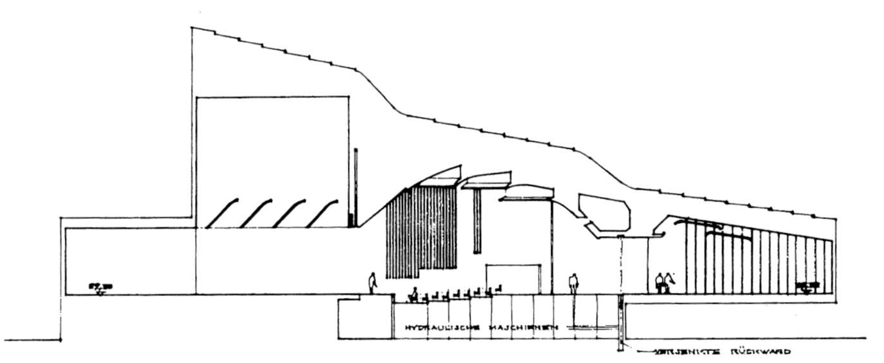

变化 2：展览和用于报告的小观众厅

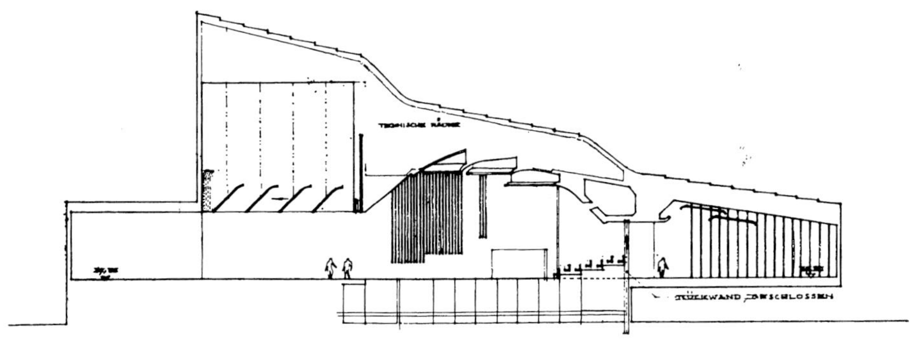

变化 3：在这里只有后几排的座席被抬高

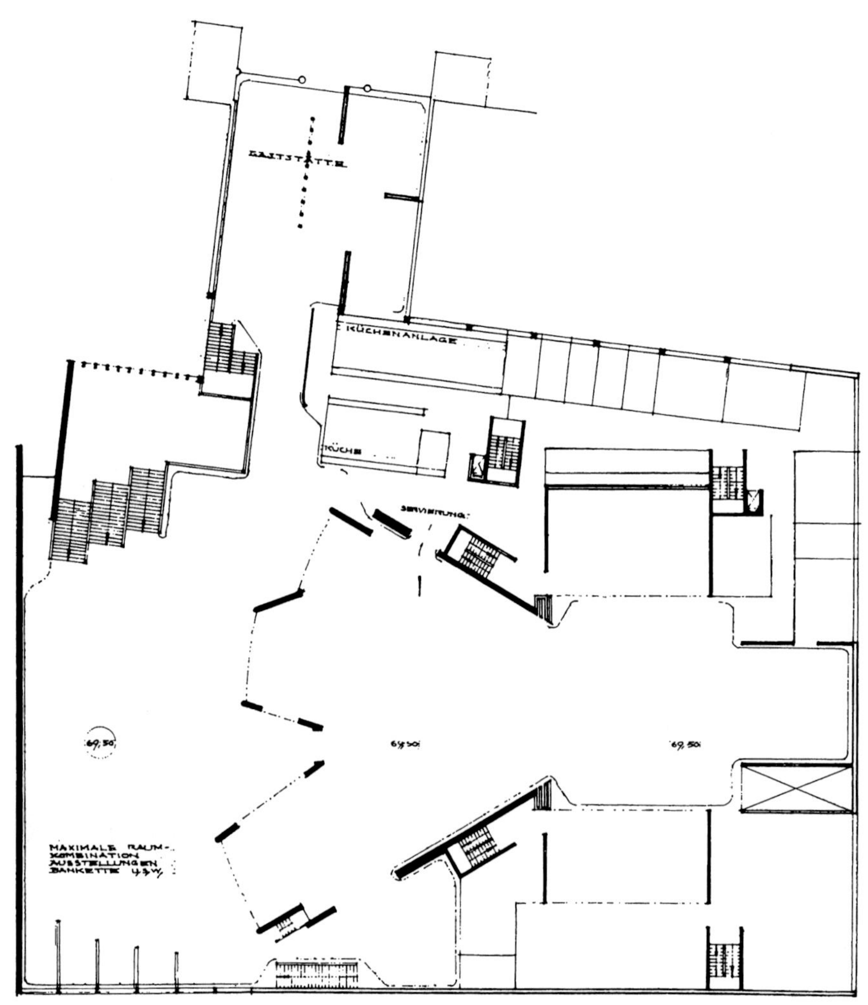

平面图与剖面图清晰地说明了多功能会堂中所要求的最大程度的灵活性组织。观众厅和舞台由很少的混凝土板所支撑，所以只有一个区域是固定的。在这个区域地板被划分成格状，可以独立地下降和上升。后墙可以下沉

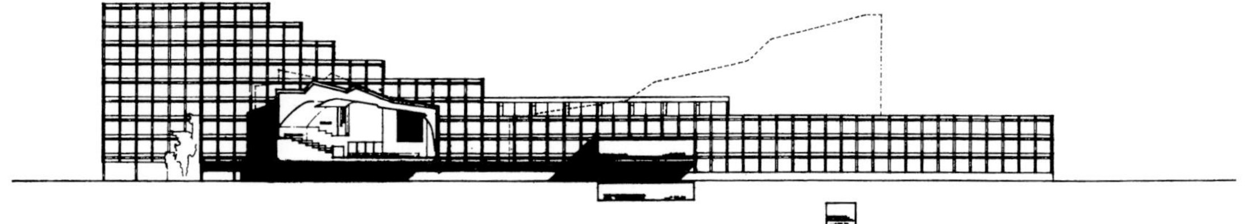
南立面图：其中包括部分市政厅的剖面图

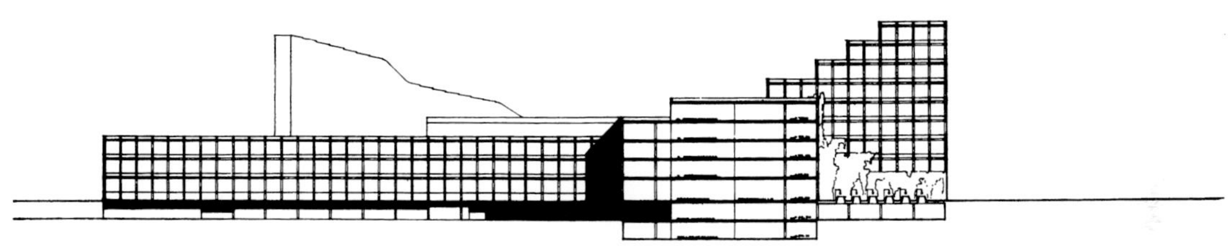
北立面图：其中包括部分行政办公楼的剖面图

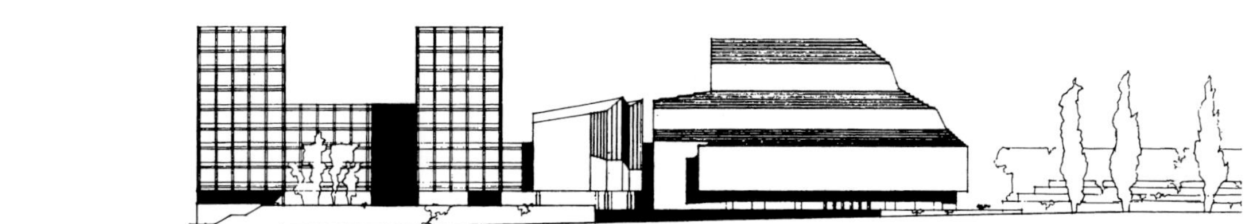
西立面图：从主路上看，右侧是多功能会堂

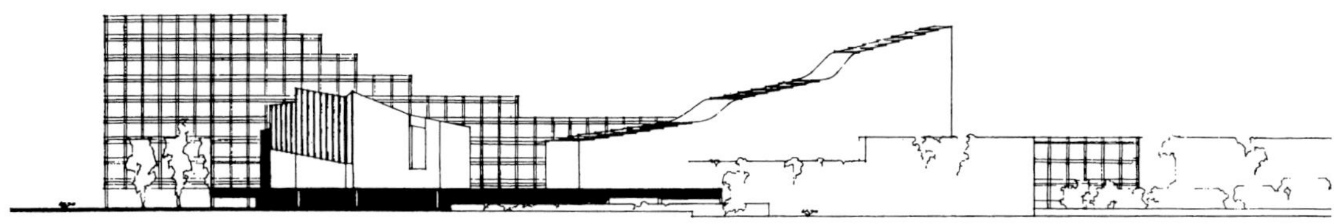
南立面图：纯粹立方体的行政办公楼具有统一的空间线性特征，沿着其组成的那条轴线上排列着更加引人注目的建筑。充满自由设计的市政厅和多功能会堂相互映衬

赫尔辛基新中心

1959—1964 年设计

赫尔辛基新中心（New Centre, Helsinki）中最基本的要素如下：中心广场、西方之国公园（Hesperia Park），它在吐罗湖（Töölö Lake）沿岸的公共建筑将被保护与重建，卡姆皮（Kamppi）区域，构成了现有城市中心的连续和结束。在城市当局的建议下，帕斯纳（Pasila）区域后来也并入设计范围，这个区域将会具有自己独立的性格特征。

这个城市主要的交通干线，有四五条线路同时用于入境与出境交通，架设在铁路线的标高层以上，这种布局可以使旅行者在城市的东部与西部的上方获得一种全景画式的视野。这样卡里奥（Kallio）区域就并不是被建筑学式地与城市的其他区域分离开来，而是沿着吐罗区域和城市的内部核心区保持原有的连续状态。主要交通干道的抬升使得凯撒涅米公园（Kaisaniemi Park）及其北部的公园都被整合到全景画之中。公共建筑组织在平面之中，从主干道上看过去，它们构成了赫尔辛基新城的主要特征。

当我们考虑到城市的中心，这里包含着两种类型的“风景”，即所谓的“都市风景”与“原始风景”。前一种是正统的城市中心的核心，而后一种则是 19 世纪的产品，它不会导致紧密结合的城市排布方式。例如在赫尔辛基这个项目中，西方之国公园与吐罗湖的设计无疑导向了一种富于情感的景观保护，但却并不是令人满意的解决方式。在中间建造高度密集的城市中心将会是一种相当可笑的做法，是对卡累利阿（Karelian）森林湖泊不恰当的拷贝。

参照赫尔辛基及其交通网络系统，不应该悲观地评定赫尔辛基的标准，相反，与其他类似的大城市相比，赫尔辛基的地位是有利的，而且必要的改革也能够实现。

西方之国公园外围的公共建筑有一部分矗立在水面上，这样与公园和湖泊一起构成了一个统一的整体。如果，举例来说，公共建筑沿曼纳海姆大道（Mannerheim Street）排布的话，上述目标将不会实现，而且后一种排布方式也将会破坏相当大面积的公园。现在看到的这种布局将会扩大公园的面积，所以可以创造更大面积的步行空间。在公共建筑中，音乐厅及其毗连的会堂位置直接临近三角形的广场，事实上形成了广场的收束和主要的高潮，在音乐厅的北面，从南到北规划了以下的建筑：歌剧院、艺术博物馆、图书馆和一些保留建筑。所有的这些建筑都以其最大的尺度出现在规划中。

沿着湖岸，在公共建筑之下创造了步行的拱廊，其中的一些建筑是底层架空的。在公园中视线可以穿过这些拱廊到达湖水的表面。

交通通过高架桥和地下道路分散开来。用这种方法，避免了道路交叉处大的环行路及其缺陷。临近交通要道是一个广场，其形式设计成三个不同标高的平台，而在卡姆皮区域的地下标高层则提供了停车场的空间。选择停车场位置的主要因素是试图将这一区域集中为一点，即主要的道路与赫尔辛基市中心的交点。这样，交通就被吸收并停留在城市中心以外。中央广场平台的顶层标高上包含着商店和正后方的停车场所。这样在赫尔辛基的中心就创造出一种与开敞乡村中的购物商业中心相同的组合，在那里停车区域与商店直接相联系。真正的广场没有机动交通而且被规划成为一个集会场所。为了满足城市以后发展的要求，地下结构也可以在这里找到自己的位置。

卡姆皮综合建筑群部分已经竣工了，它成为重新组织过的城市中心真正的端点。既然这样也就将步行活动与机动交通分离开来。顶层平台预留为步行空间，并且类似于一个专门用于购物的集市广场。底层平台预设为机动交通。其他层用作停车场地。停车区域的入口和出口与交通流线结合在一起。综合建筑群的东端是主要的公共汽车终点站，主要服务于长途线路。终点站与上述提及的顶层步行区域平台直接相连并导向商店。建筑的高度是固定的，这样卡姆皮综合区作为一个整体真正构成了城市中心可见的终端。建筑的高度与已经存在的结构相协调，例如综合邮政办公楼。帕斯纳地区以及导向目前城市中心火车站的铁路干线后来也被并入规划之中。

货物站占据了帕斯纳大部分的面积。编组的院子几乎恰好位于中心的焦点上，从这里来自赫尔辛基三角洲的本地车辆被统一地分发至东、西和北三个方向。在帕斯纳，沿着交通组织不需要中心区位的其他那些行政管理设施也是这样分布着。帕斯纳区域现在正由地方规划部门做进一步的开发。

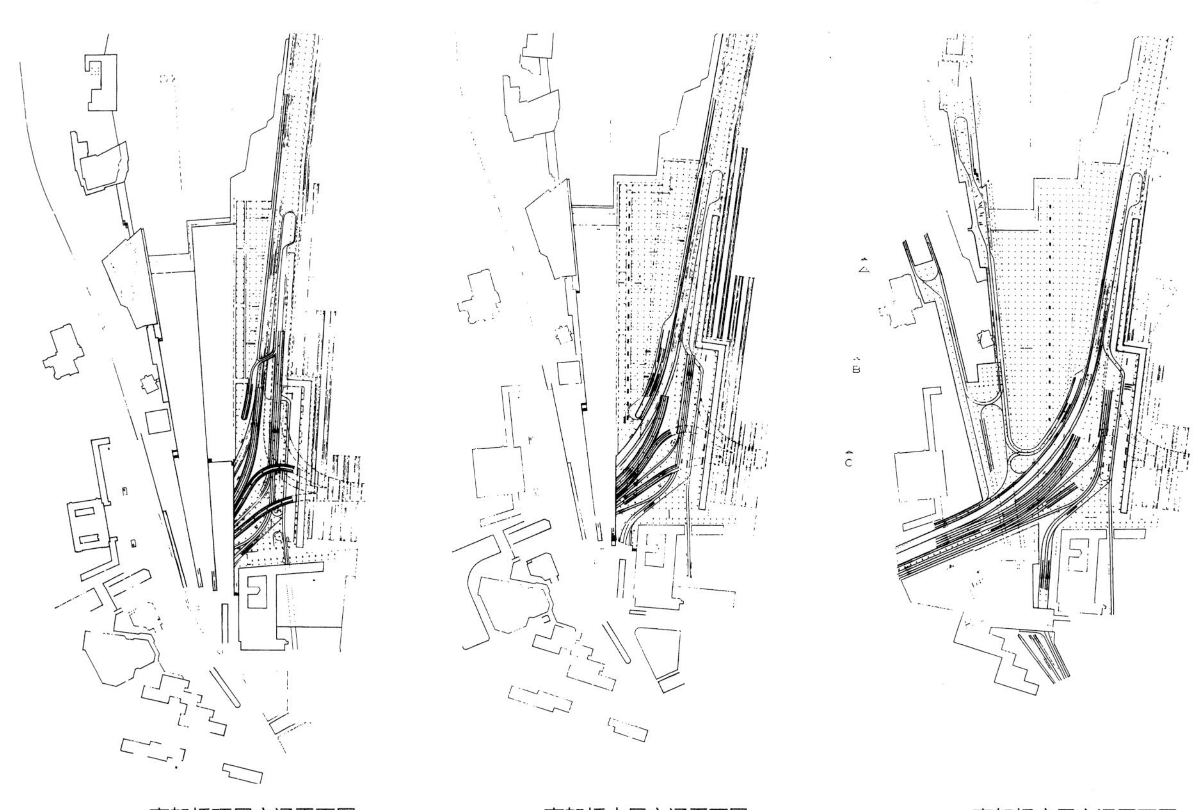

高架桥顶层交通平面图　高架桥中层交通平面图　高架桥底层交通平面图

模型照片（一）：从吐罗湖上的高速路看向公共建筑群，背景是卡姆皮的商业中心

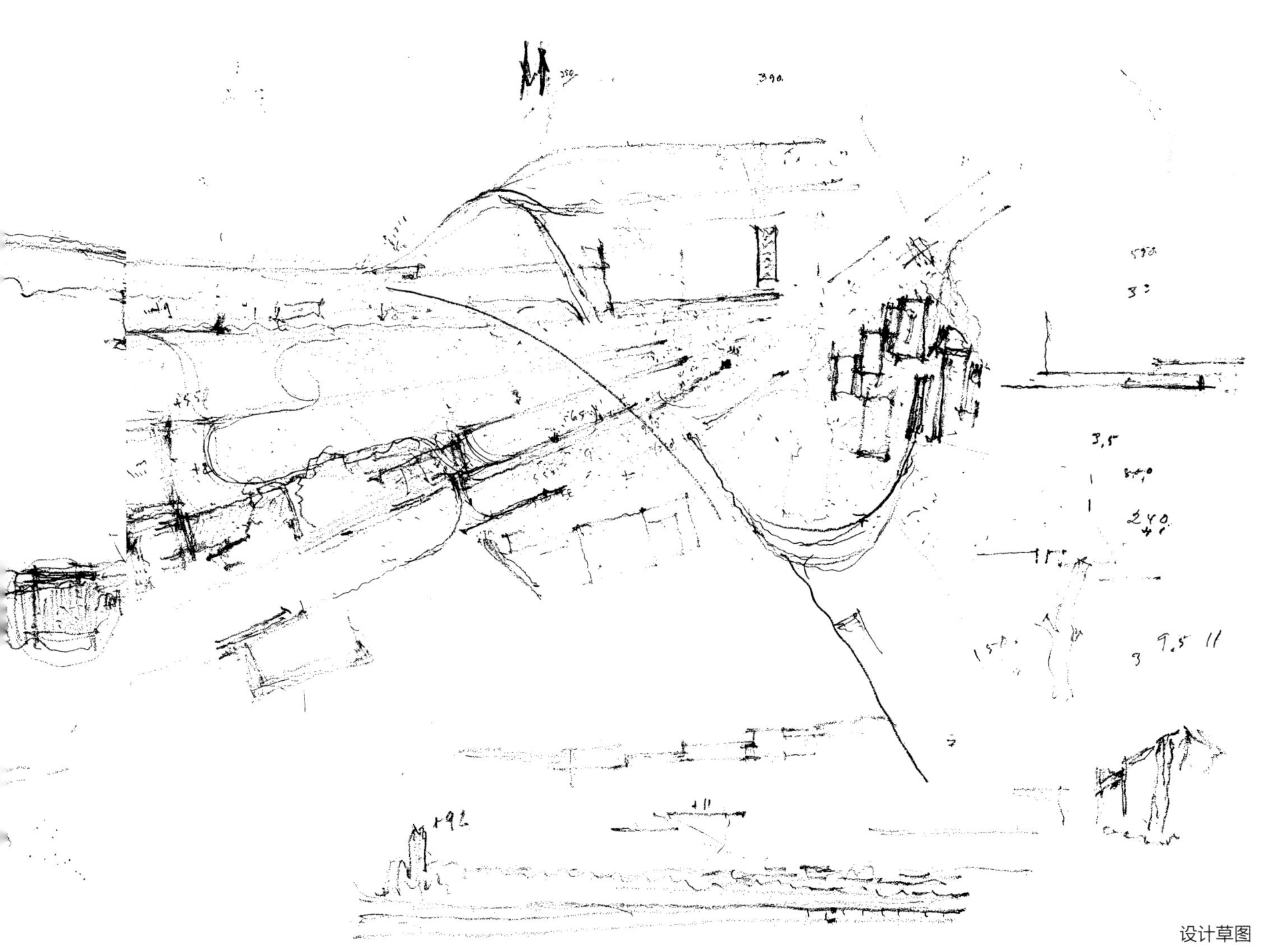

设计草图

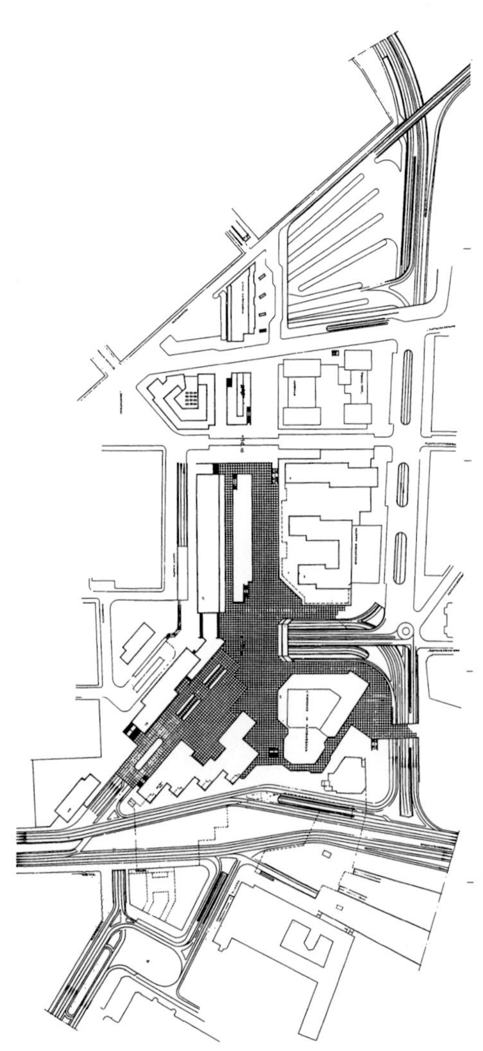

卡姆皮综合建筑群平面图

模型照片（二）：卡姆皮综合建筑群

模型照片（三）：从北面看向西方之国公园

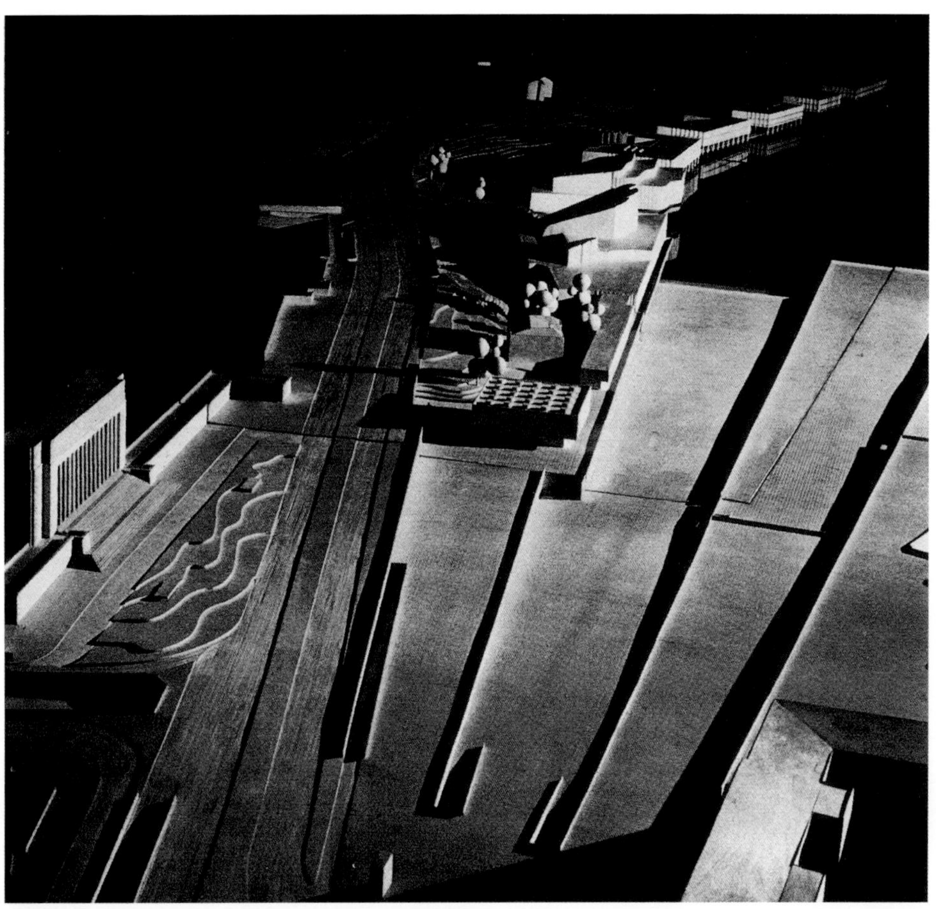

模型照片（四）：前景，平台区域；左侧，议会大厦

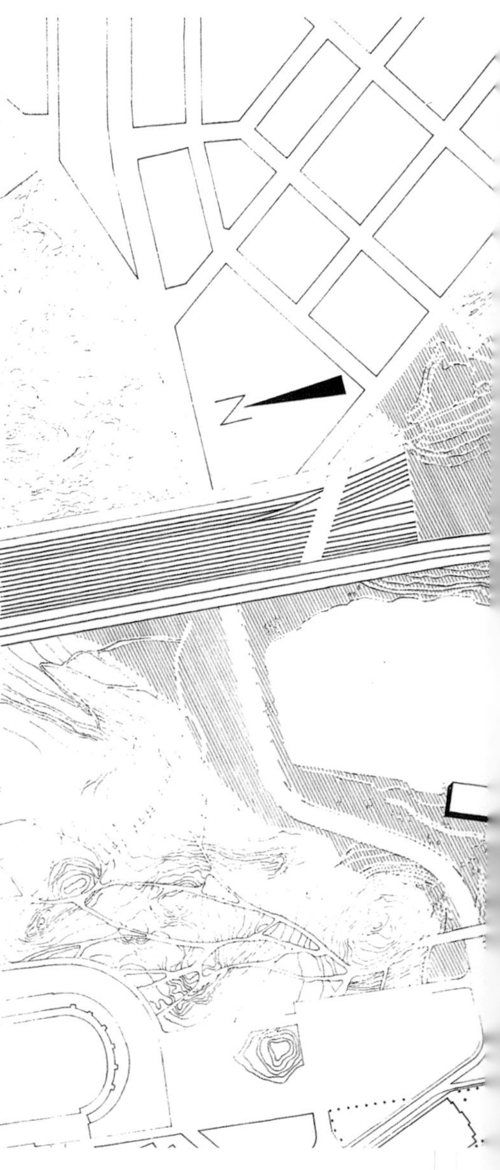

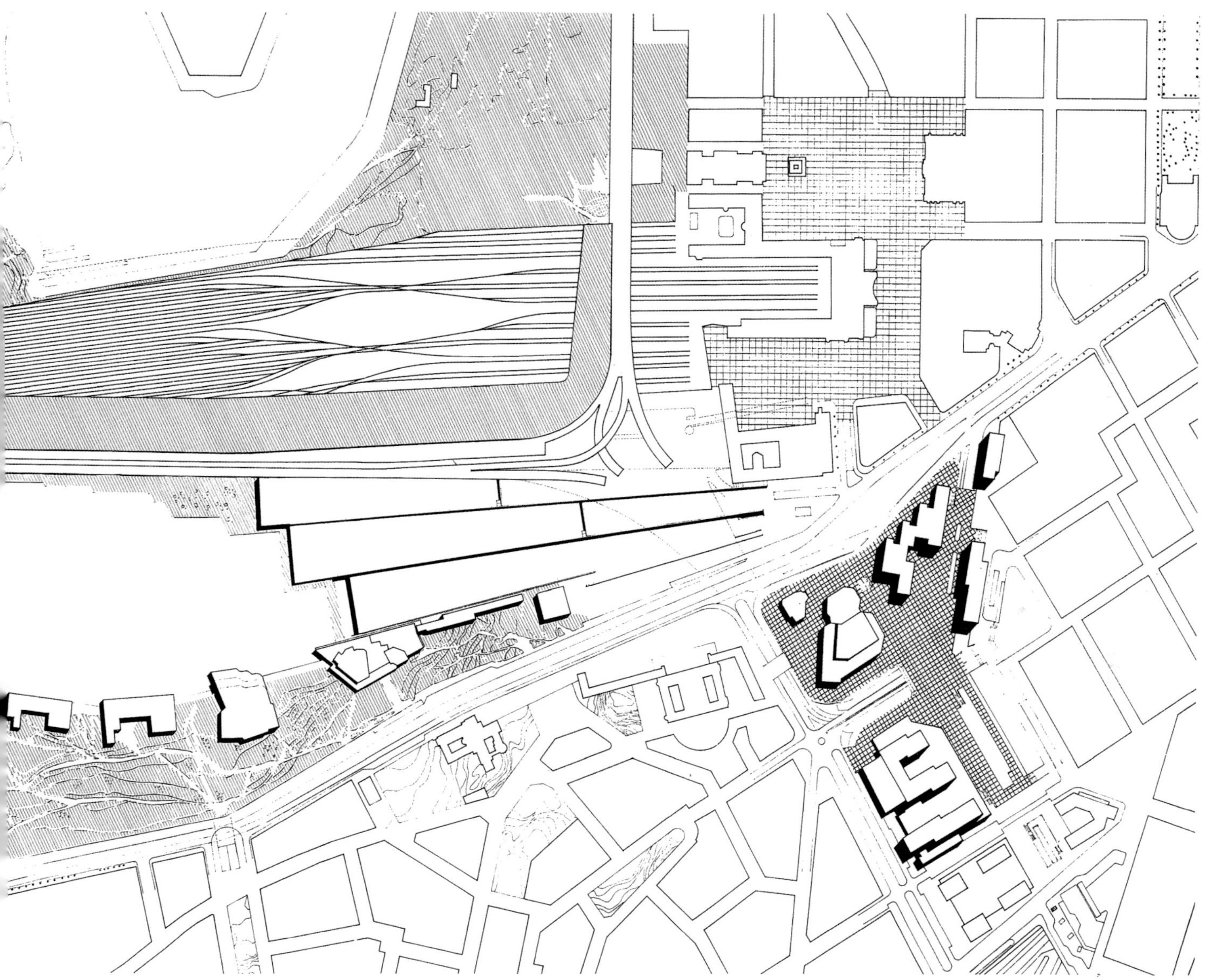

新中心的总体规划图

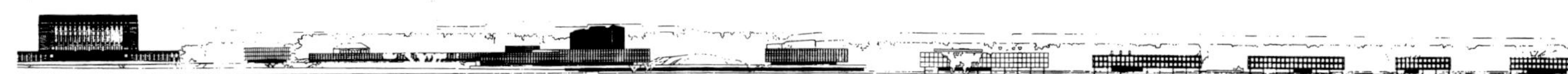

沿湖岸一侧公共建筑的立面图：左侧，已经存在的议会大厦

平台区域的剖立面图：右侧，已经存在的综合邮局办公楼

模型照片（五）：右侧，音乐厅和会堂现在正在建设中；左侧，议会大厦

模型照片（六）：背景，卡姆皮区域

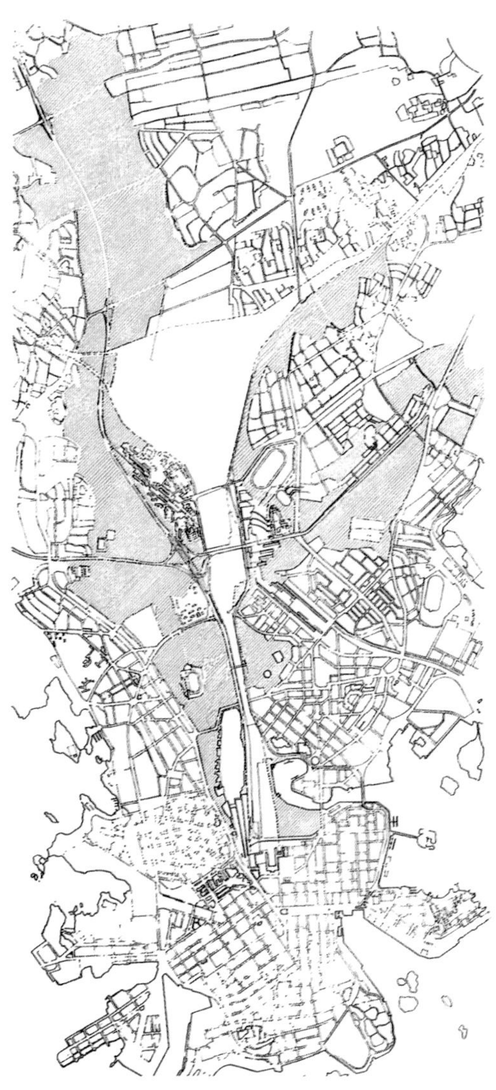

赫尔辛基城市规划图：包括已经存在的公园区域

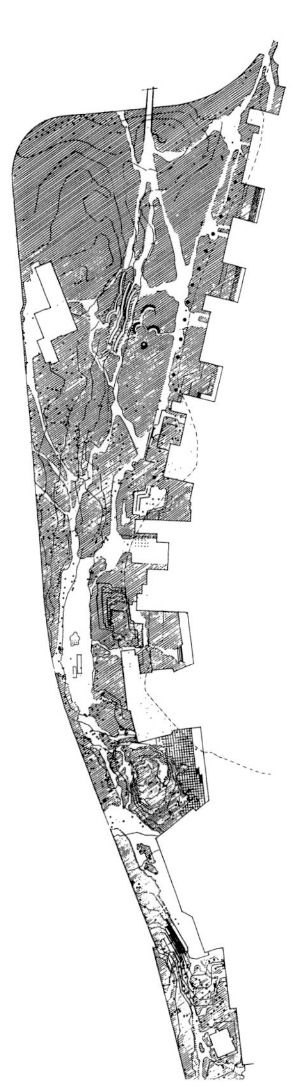

西方之国公园与吐罗湖的新老岸线以及规划的公共建筑的位置

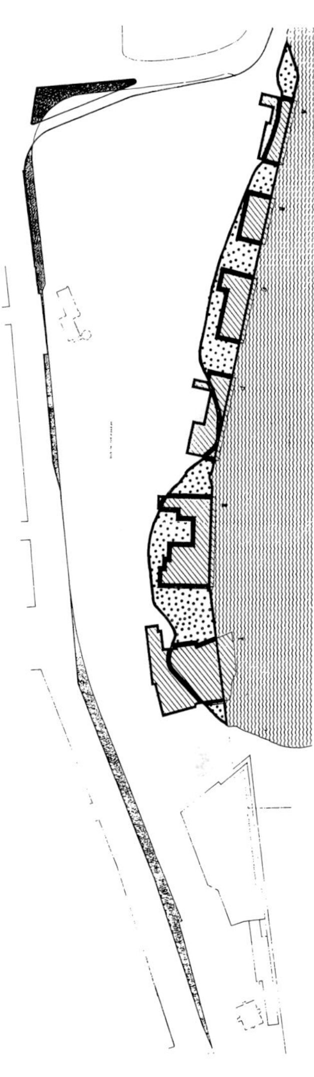

沿岸区域的总体规划以及沿吐罗湖的建筑位置

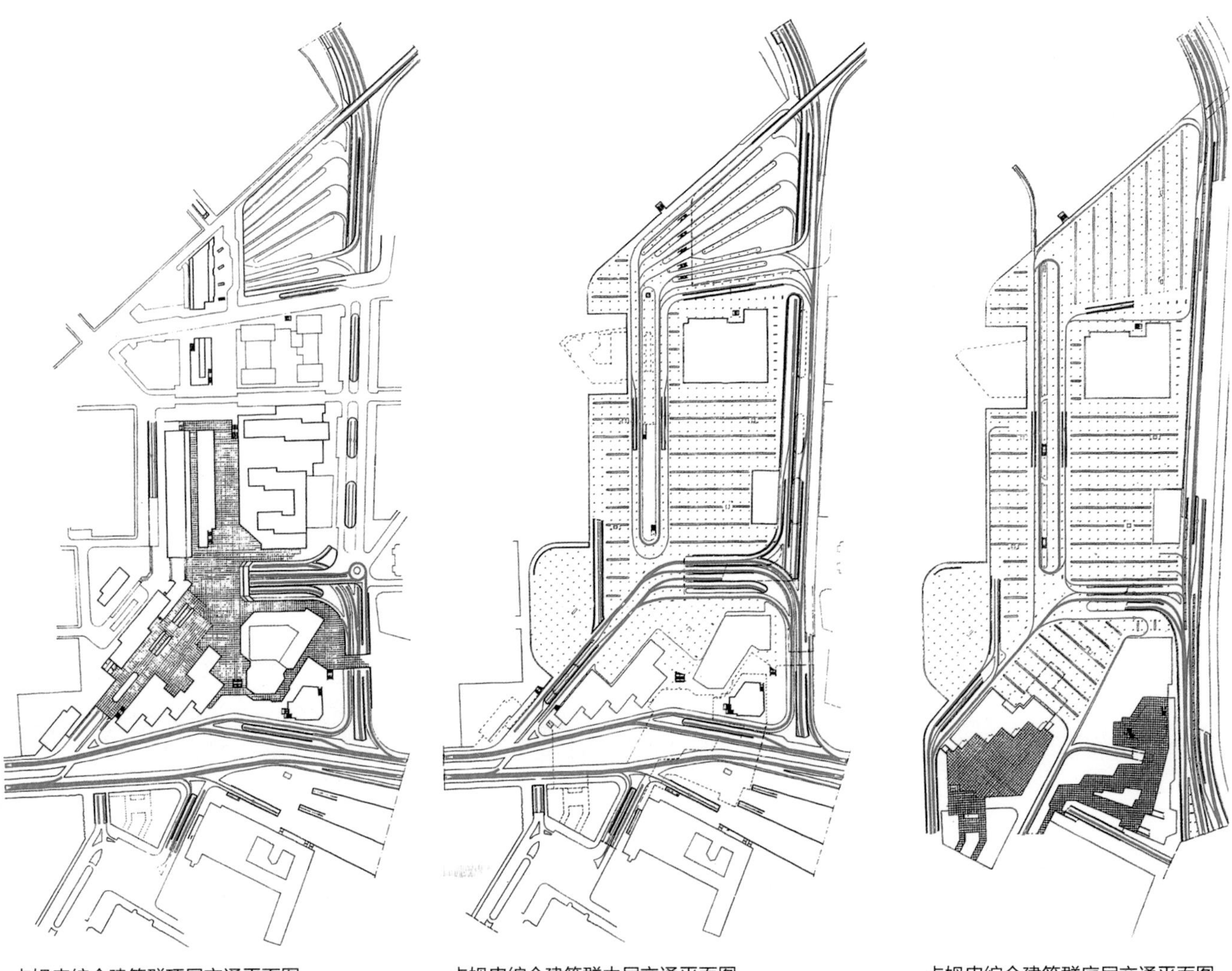

卡姆皮综合建筑群顶层交通平面图

卡姆皮综合建筑群中层交通平面图

卡姆皮综合建筑群底层交通平面图

模型照片（七）：卡姆皮建筑群，前景，公共汽车终点站

模型照片（八）：包含交通要道，背景，卡姆皮区域

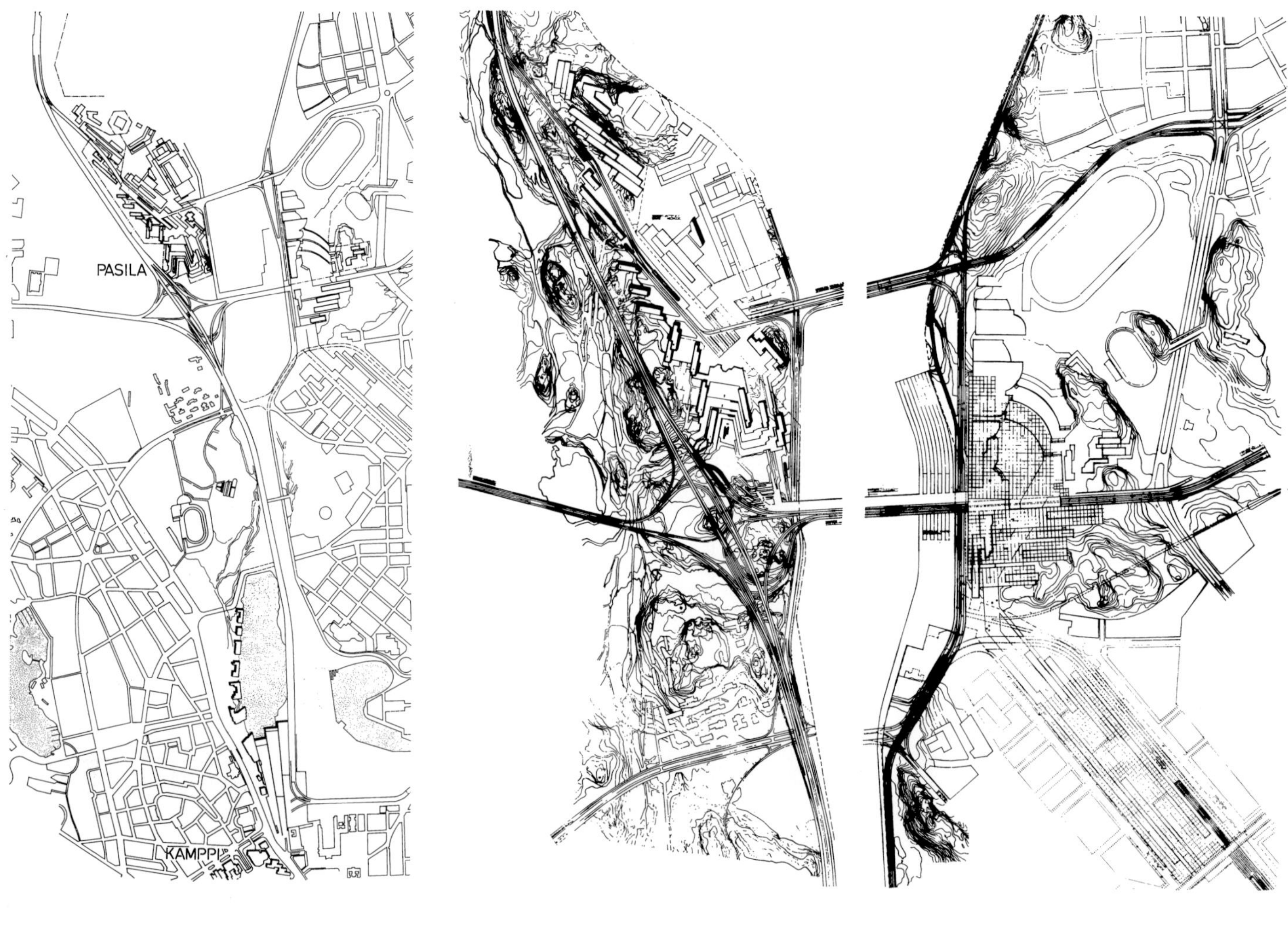

帕斯纳平面图

帕斯纳西部平面图

帕斯纳东部平面图

模型照片（九）：位于吐罗湖岸边的公共建筑

意大利帕维亚居住综合体

1966 年设计

在帕维亚（Pavia）的外围区域规划了一座大约有12 500 居民的卫星城。从米兰（Milan）到罗马（Rome）的高速公路一直穿过这个 970 000 平方米大小的基地中心。这个区域在南端到达了提契诺河（Ticino River）。因为高速公路的高度因素，住宅设计遵循着与剑桥市（马萨诸塞州）麻省理工学院高年级学生宿舍相同的布局方式。为了尽可能地减少来自繁忙的高速上的视线，选择了曲线的形状。用这种方法，没有房间直接面向高速公路和交通。众所周知，从移动的列车上以倾斜的视角而不是垂直的视角来看经由的风景是非常令人愉快的。首要的相应原则是用弯曲的网格覆盖整块基地，并且从单独对象的形式中衍生出最终的结果。

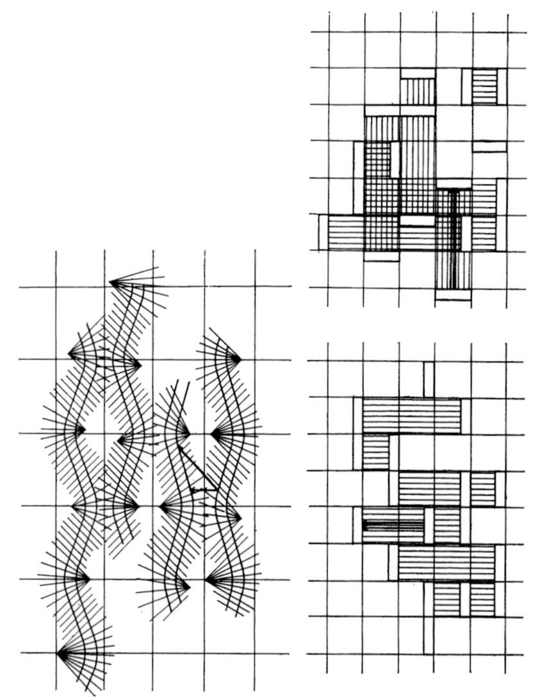

图解的比较说明了传统的有着单独结构的方格网与连续的曲线网格之间的区别

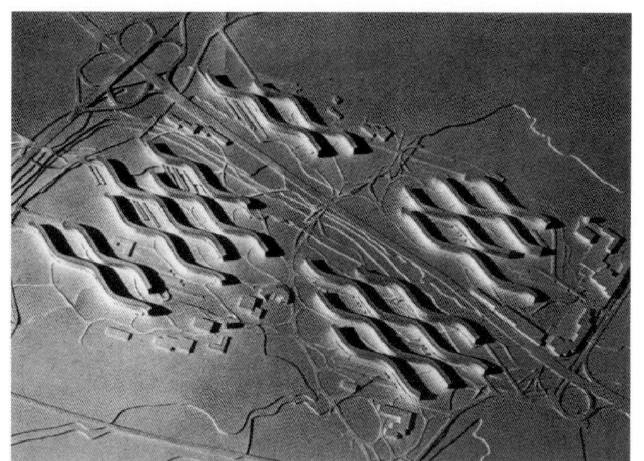

没有修改过的曲线网格的模型照片

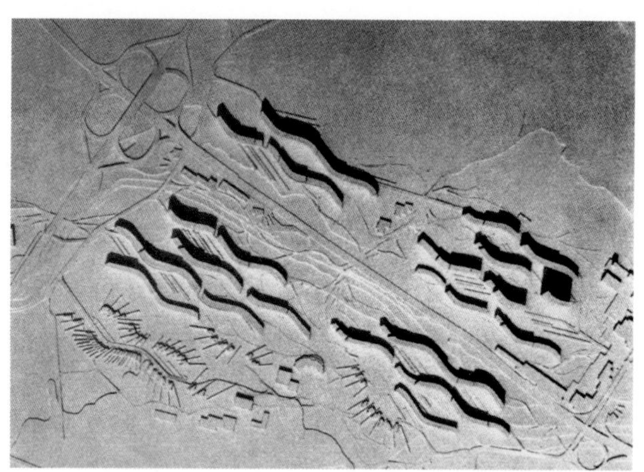

对于曲线网格进行合理的修改后的模型照片，依据单个家庭住宅的大小，曲线有着不同的长度和标高

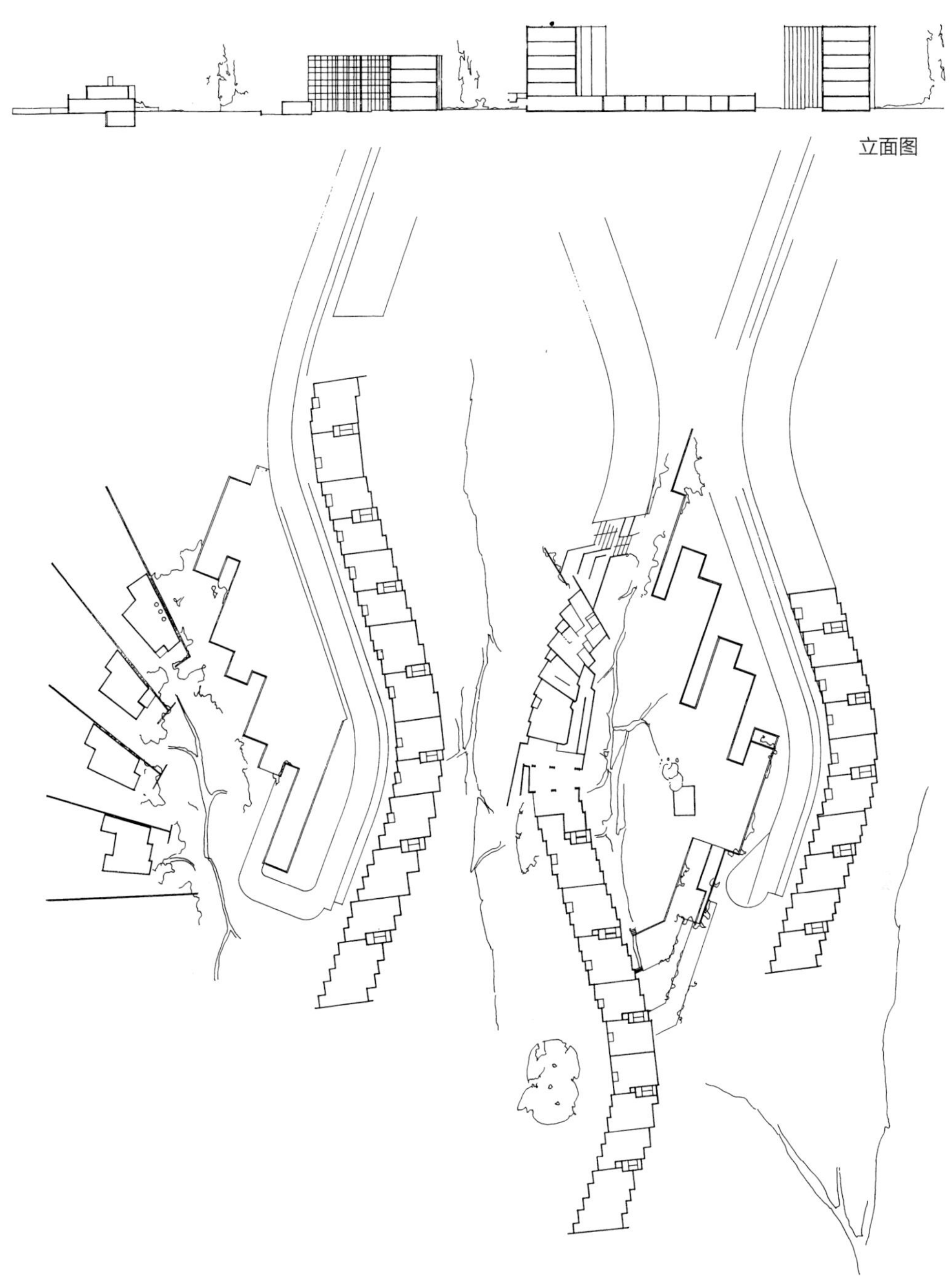

住宅组团的细部平面图：由于定向的层叠曲线网格，使得住宅朝向庭院最大程度地展开，庭院就像屋顶花园一样只有部分屋顶，以提供停车空间。步行路径在底层地面标高上穿过

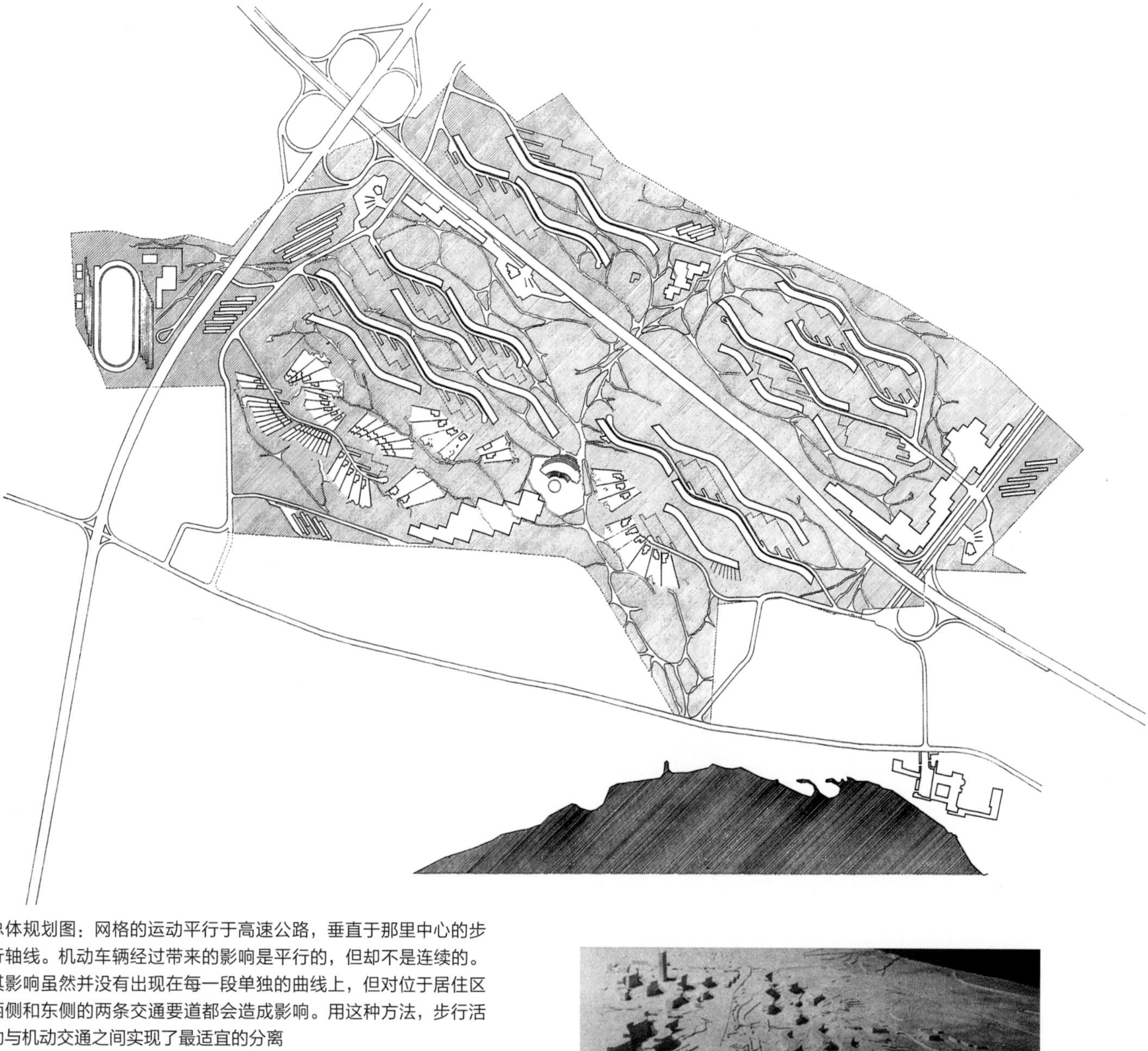

总体规划图：网格的运动平行于高速公路，垂直于那里中心的步行轴线。机动车辆经过带来的影响是平行的，但却不是连续的。其影响虽然并没有出现在每一段单独的曲线上，但对位于居住区西侧和东侧的两条交通要道都会造成影响。用这种方法，步行活动与机动交通之间实现了最适宜的分离

从西面俯瞰模型

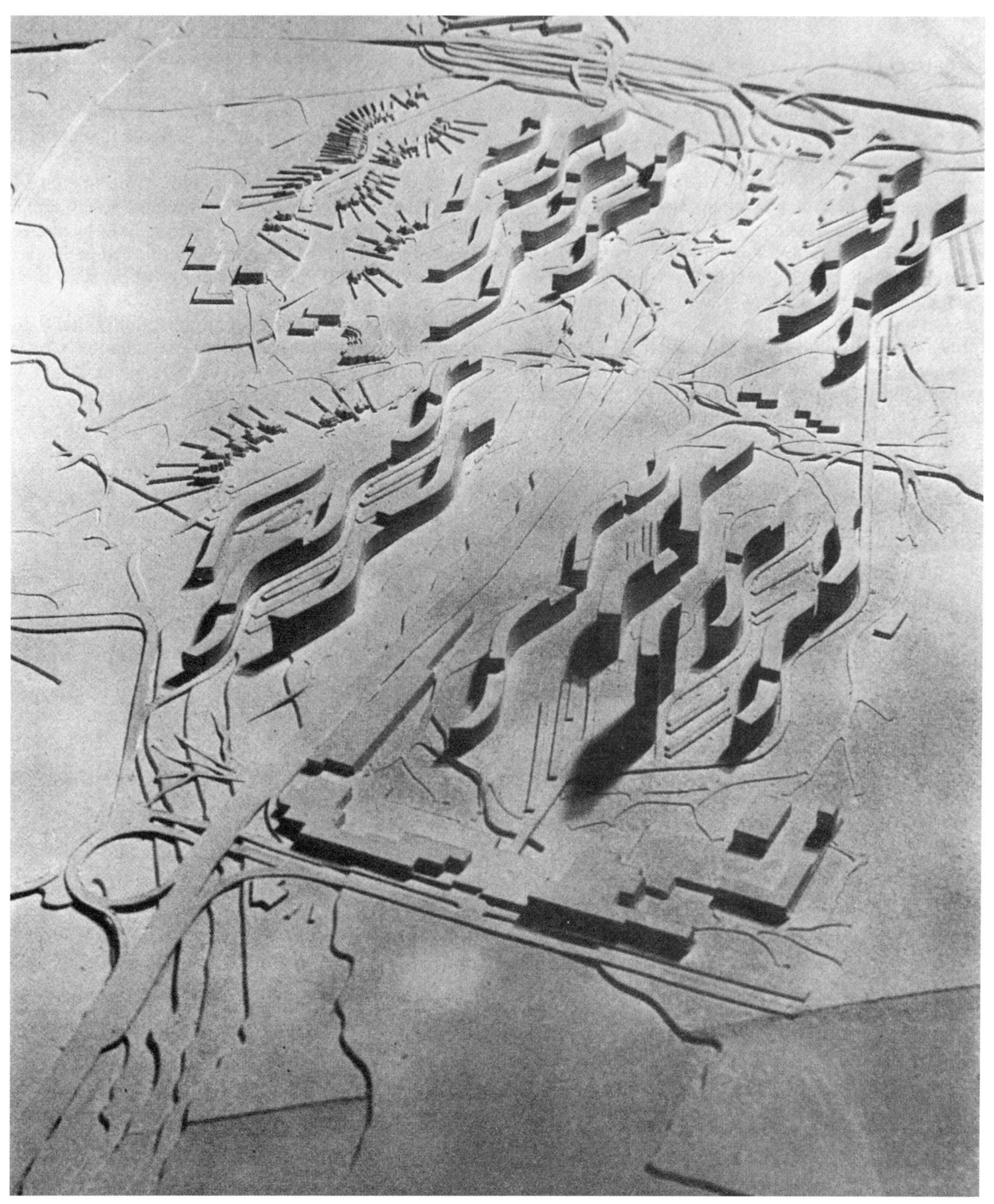

从东面俯瞰模型

塞伊奈约基市政厅

1961—1962 年设计，1963—1965 年建造

塞伊奈约基市政厅（Town Hall in Seinäjoki）与已经存在的教堂及图书馆一道组成了规划后塞伊奈约基市中心的一部分。

会议室作为这个建筑主要的视觉焦点，因其带天窗的高高屋顶而显得非常特别。在楼梯的侧面是灌木与喷泉，它们与建筑群体的主广场相连。主入口位于会议室下层，而会议室也可以经由室外楼梯到达。

办公室建造在两个标高层上，与普通的办公建筑的布局一致。因为是框架结构，内部分割灵活。在任何时候这座建筑都可以被扩建。

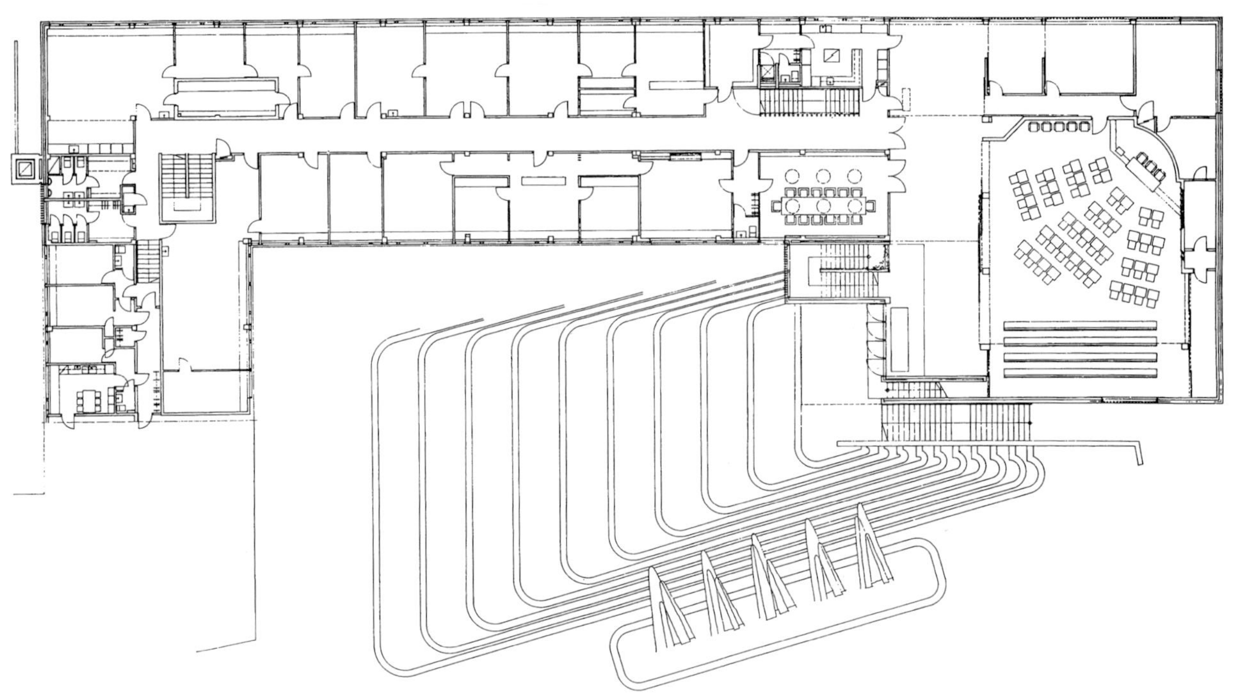

一层平面图：包括会议室

从楼梯看向会议室的上部构造和教堂

市政厅的外景：包括室外的抬升、楼梯和喷泉

市政厅周围的出入口，立面被覆以一种特别的蓝色半圆形的瓷砖

带天窗的会议室

阿拉耶尔维市政厅

1966 年设计，1967—1969 年建造

阿拉耶尔维（Alajärvi）是一座位于芬兰西部中心大概有 5000 居民的小城。决定在一座著名的新古典主义教堂周围建造一个社区公共中心。这个项目的第一阶段包括市政厅和公共健康中心。内部的核心是一个步行区域。新建筑意在适应周围环境，使这一地区的田园风格特征得以保护。

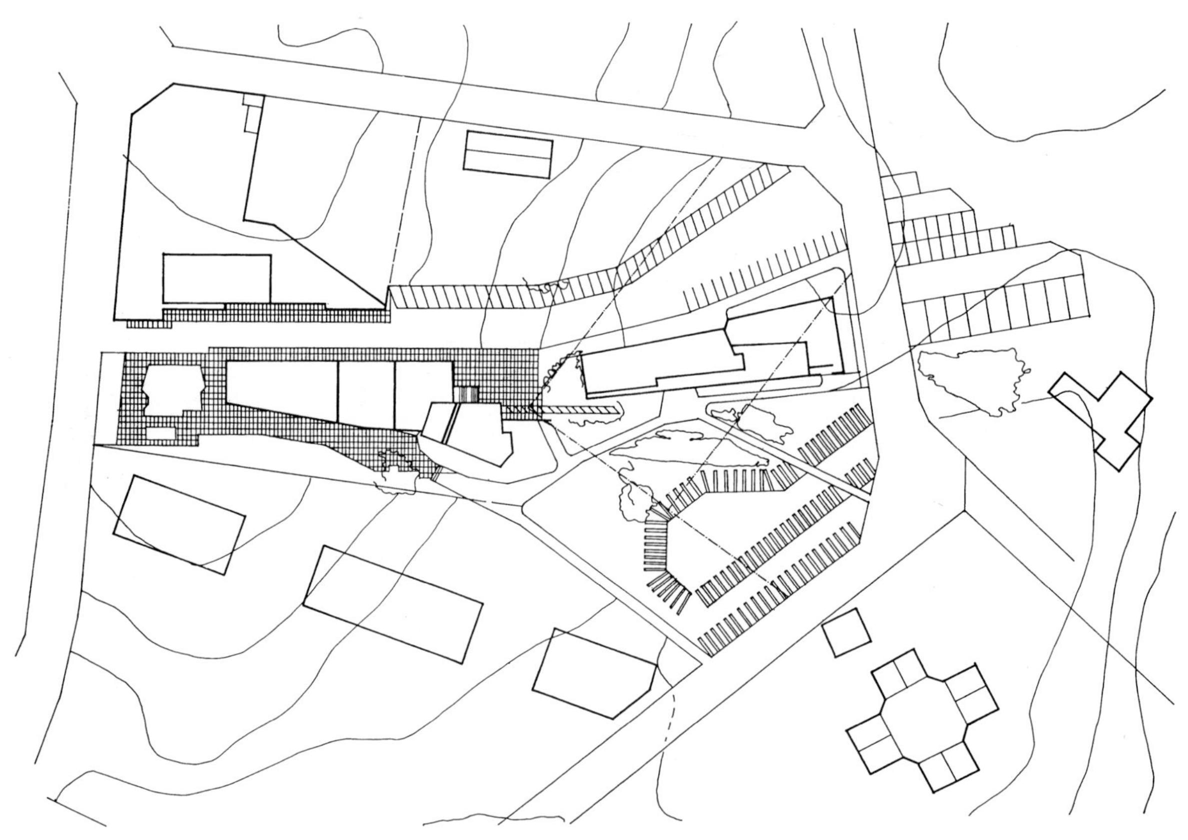

总平面图

新市政厅：前景，会议室

旗杆被看作是雕塑元素

旗杆、主入口和会议室：背景，新古典主义的教堂

市政厅的外墙粉刷成白色，部分花岗岩石材贴面构成了自由的几何图形，成为市政厅外部的视觉焦点

会议室

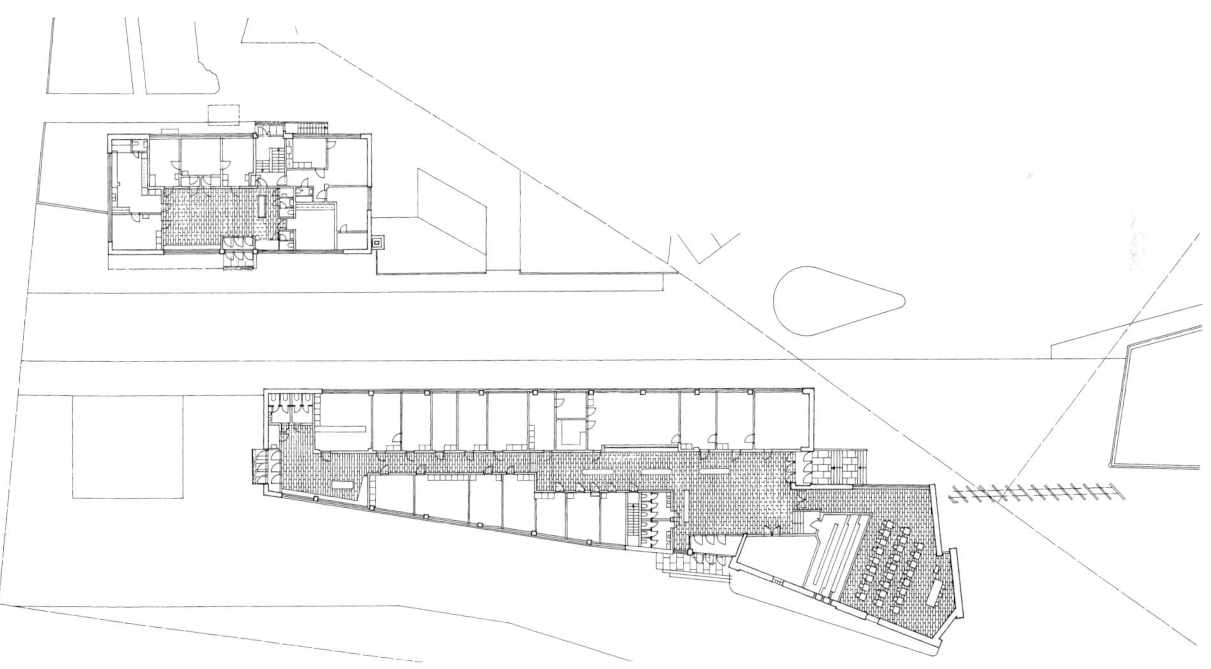
平面图

德国沃尔夫斯堡文化中心

1958 年竞赛，1959—1963 年建造

这个建筑群在第 1 卷中已经出现过。文化中心的一条边与市政厅广场相邻，而另一条边则毗邻公园。规划方案的拟定参照了其在城市规划中的位置和复杂的空间格局。在面向主要道路的那一边是商店和办公室，面向市政厅广场是主入口和封闭的立方体结构的报告厅，而图书馆则面向安静的公园。这种布局在中心创造了一个中性的安静区域，在多功能厅的框架中，地面层与其上一层是一个开敞的多功能庭院。

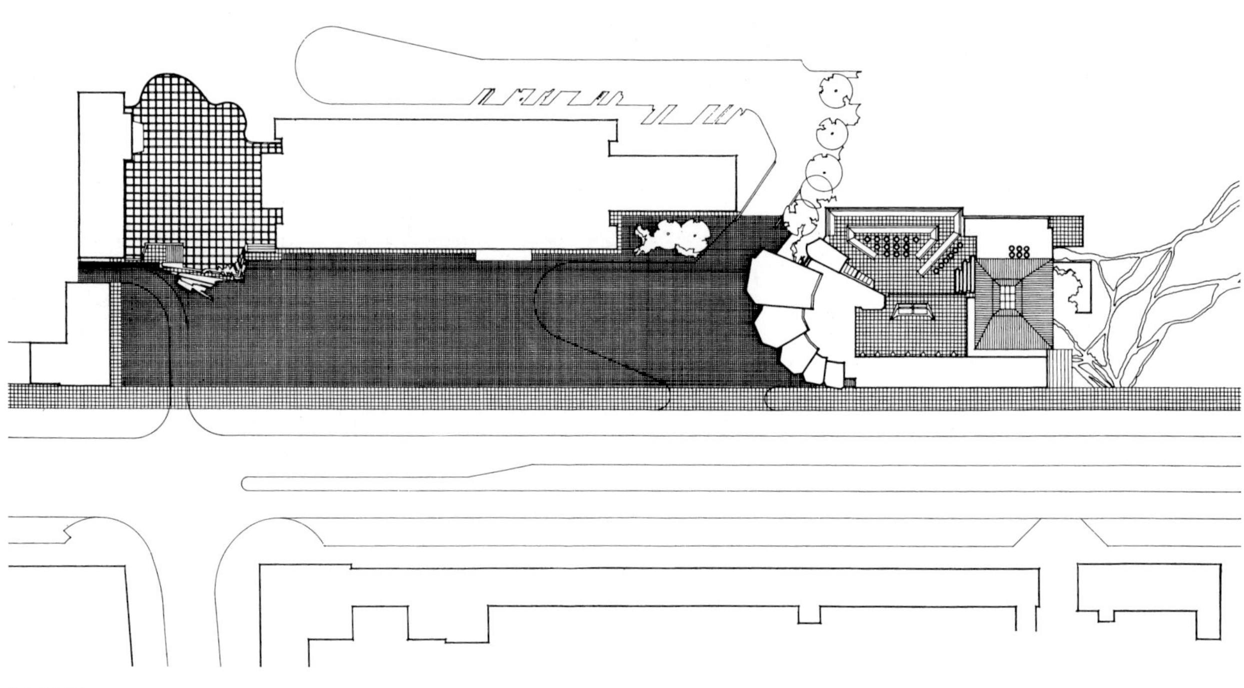

总平面图

从市政厅看向内部庭院

报告厅封闭的立体结构面向市政厅广场：入口门廊的柱子是铜皮表面，报告厅的外墙是卡拉拉（Carrara）大理石和帕米尔黑花岗石（Syenite Pamir）板

立面细部：右侧，主报告厅；中间，工作室；左侧，图书馆的一部分

立面细部实景

商店柱廊与青年中心入口

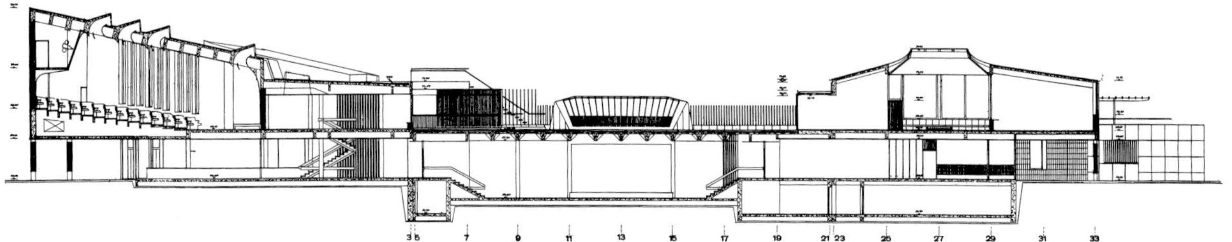

纵向剖面图：在地面层标高上有入口休息大厅、多功能厅和右侧的青年中心的门厅。在上一层标高上是主报告厅、内部庭院和青年中心的工作室

主入口门厅的衣帽间

主入口门厅，有通向报告厅的楼梯。地面由白色的大理石板组成；天花板是吸声的木格栅，被漆成白色，柱面饰以特殊的白色瓷砖

面向青年中心的内部庭院：天窗可以为在地面层标高上的多功能厅舞台和图书馆的走廊采光，它还可以用作在内部庭院中举行的特殊活动的背景墙

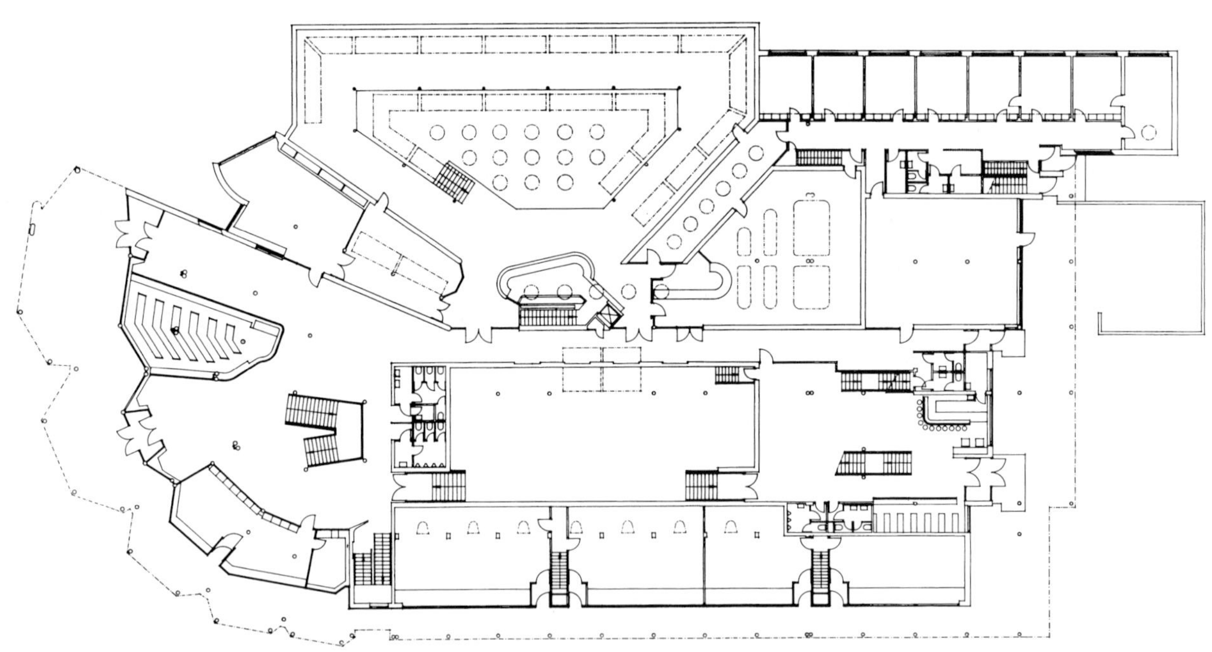

地面层平面图：从左到右，主入口的休息厅附带衣帽间、迪斯科舞厅、报刊阅览室、主图书馆、带庭院的青年与儿童图书馆、管理办公室、带奶吧的青年中心入口门厅和商店，中间是多功能厅

上层的青年中心和面向庭院的儿童图书馆的立面细部实景

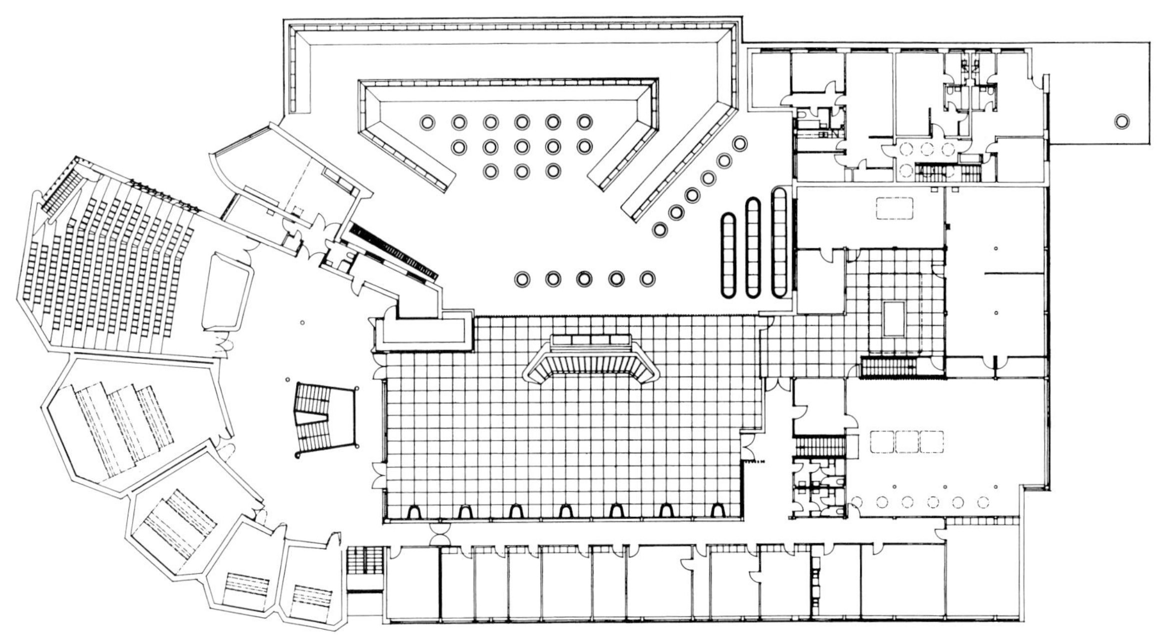

上层平面图：左侧，报告厅的休息厅、工作室、准备间和一个小厨房。所有的报告厅都通过天窗自然采光，主报告厅还会从侧墙获得额外的采光。主报告厅有一个小的舞台，电影放映间以及可以抬升的座席。音乐室，因为声音的关系，与主体结构分离。右侧是三个单元，青年中心的工作室和俱乐部、集体项目房间、办公室。中心的开敞庭院用于公共活动。环绕庭院的屋顶表面采取特殊的建造方法，保证了在任何时候其下都可以摆放座位。内部区域通过多种不同设计的天窗自然采光，而且也会通过天窗实现部分通风

报告厅的休息厅

青年中心工作室区域的前厅，在夏天天窗可以完全打开

主报告厅有天窗和侧墙窗

青年图书馆：阅览室

青年图书馆：下沉阅览室

青年图书馆：看向借阅处和主图书馆

大报告厅中有电影放映间的后墙

雷克雅未克斯堪的纳维亚屋

1962—1963 年设计，1965—1968 年建造

位于雷克雅未克的斯堪的纳维亚屋（Scandinavian house，Reykjavik）是一座小的会堂。这座房屋是斯堪的纳维亚地区的几个政府送给冰岛的礼物。它包括报告与放映厅、有着斯堪的纳维亚收藏的图书馆、各种俱乐部和自助餐厅。

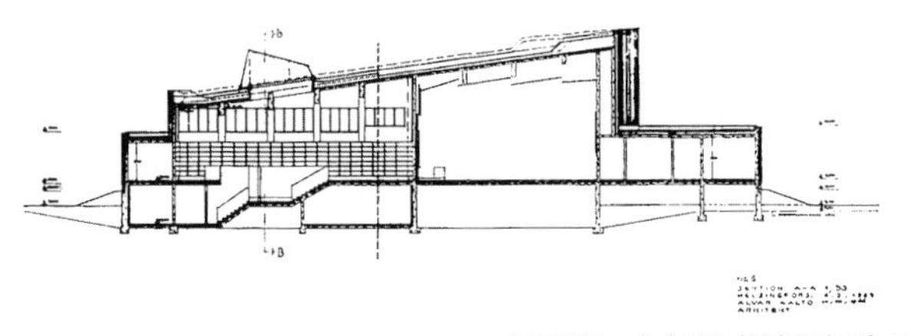

剖面图：包括图书馆和报告厅

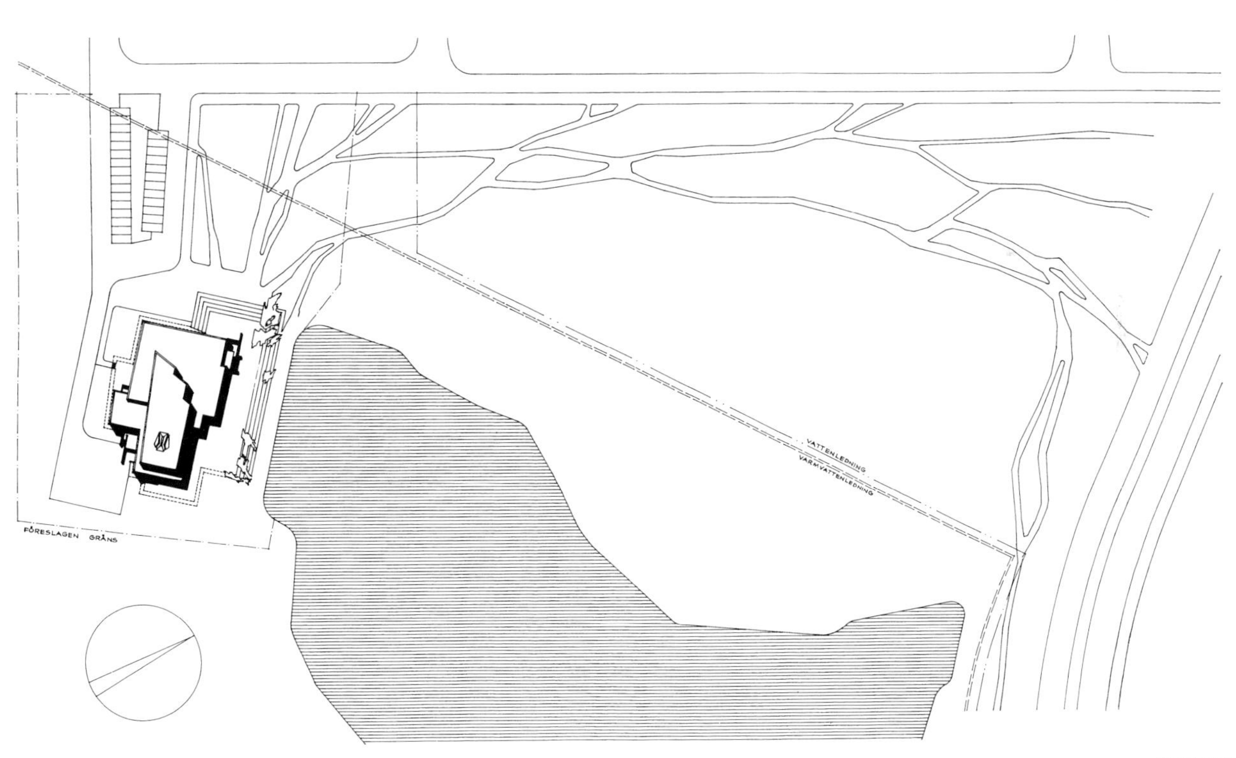

总平面图

入口立面：外墙刷成白色，报告厅与图书馆的结构元素的表面是特殊的瓷砖

从入口门厅看向图书馆和报告厅

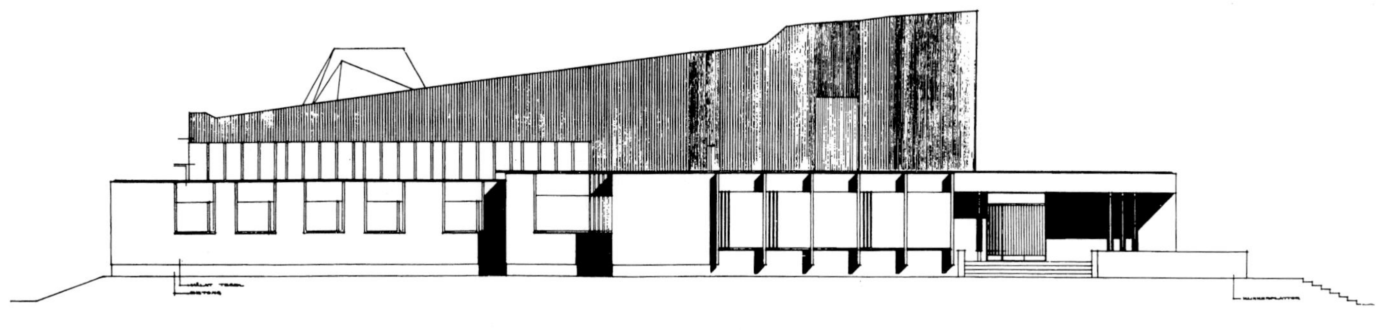

纵向立面图

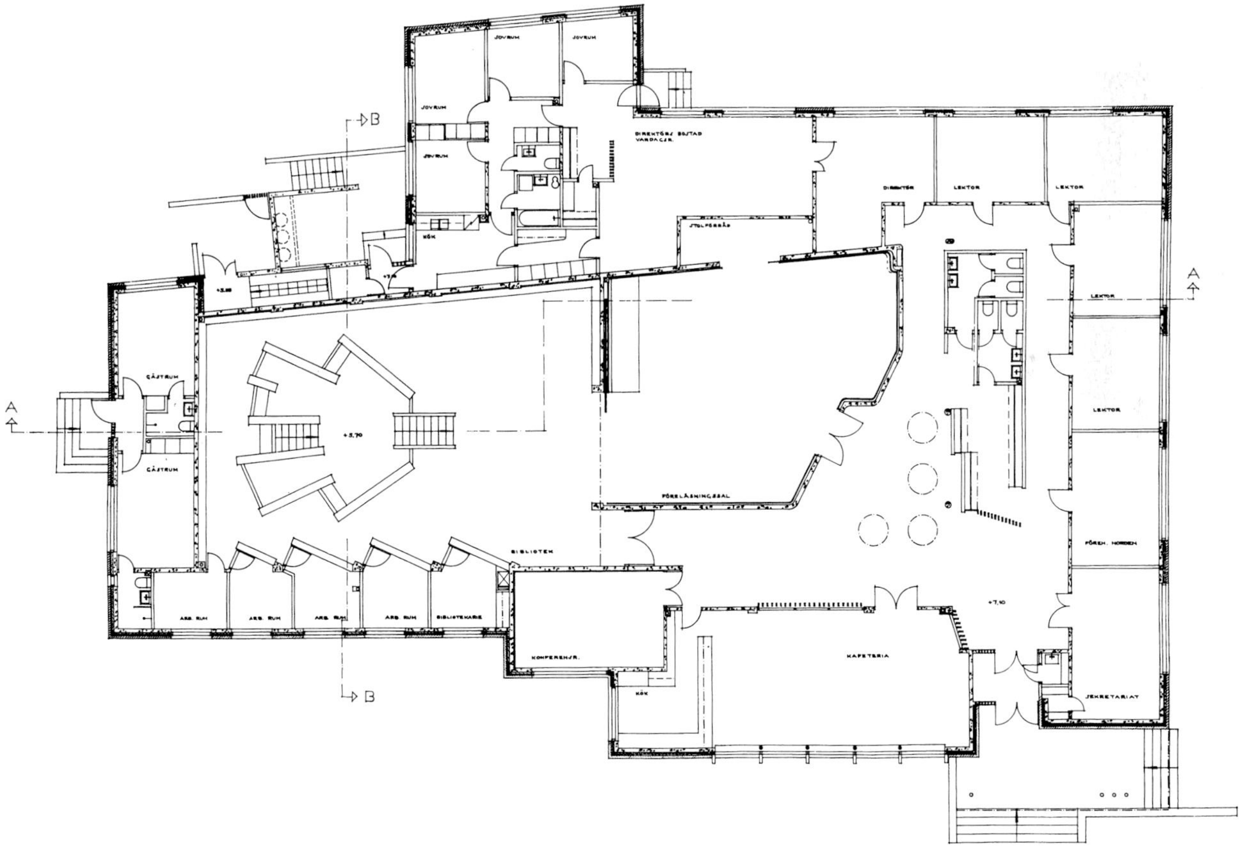

建筑平面图

图书馆

乌普萨拉西曼兰郡达拉学生联合会

1961 年设计，1963—1965 年建造

在建筑基地以及房子精确位置的选择中，因为瑞典当地传统的原因，必须满足两方面的条件。

因为这座建筑——乌普萨拉西曼兰郡达拉学生联合会（Student Association house Västmanland-Dala, Uppsala）提供的基地在一座花园里，花园在设计上几乎是巴洛克式的。这构成了老的“山地人庄园”，即以往的联合会总部的基调。旧有的部分是靠来自慈善基金的帮助建造起来的，现在仍旧存在。因为各种技术以及其他的原因老的庄园不能够保留。

学生们经常在特殊的时候聚集在这座巴洛克公园的室外。在设计学生联合会的时候，进行了一些努力来保留一些旧传统中的东西。这样，这座联合会建筑在绿色区域中间由立柱所支撑的厅堂，其花园和柱廊仍可以被学生继续用作聚会的场所。面向街道的一翼，包括俱乐部和图书馆坐落在“老贝里曼屋（Bergmann House）”的位置上。会堂可以以三种方式分割，而这样就可以同时用于不同的活动。可移动的分隔建造在突出的一翼。一旦整个会堂都运用这种建造方法，就避免了给人以即兴而作或将不同的房间拼凑在一起的印象。

在大会堂纵向的一侧是讲台和舞台。座席是可变的。会堂的入口是楼座的形式，在两侧安装玻璃。学生颁奖或其他的象征性活动都可以在这里找到位置。

设计草图

沿街立面实景

沿街立面：有突出的立方体，它用于主会堂中的灵活分割

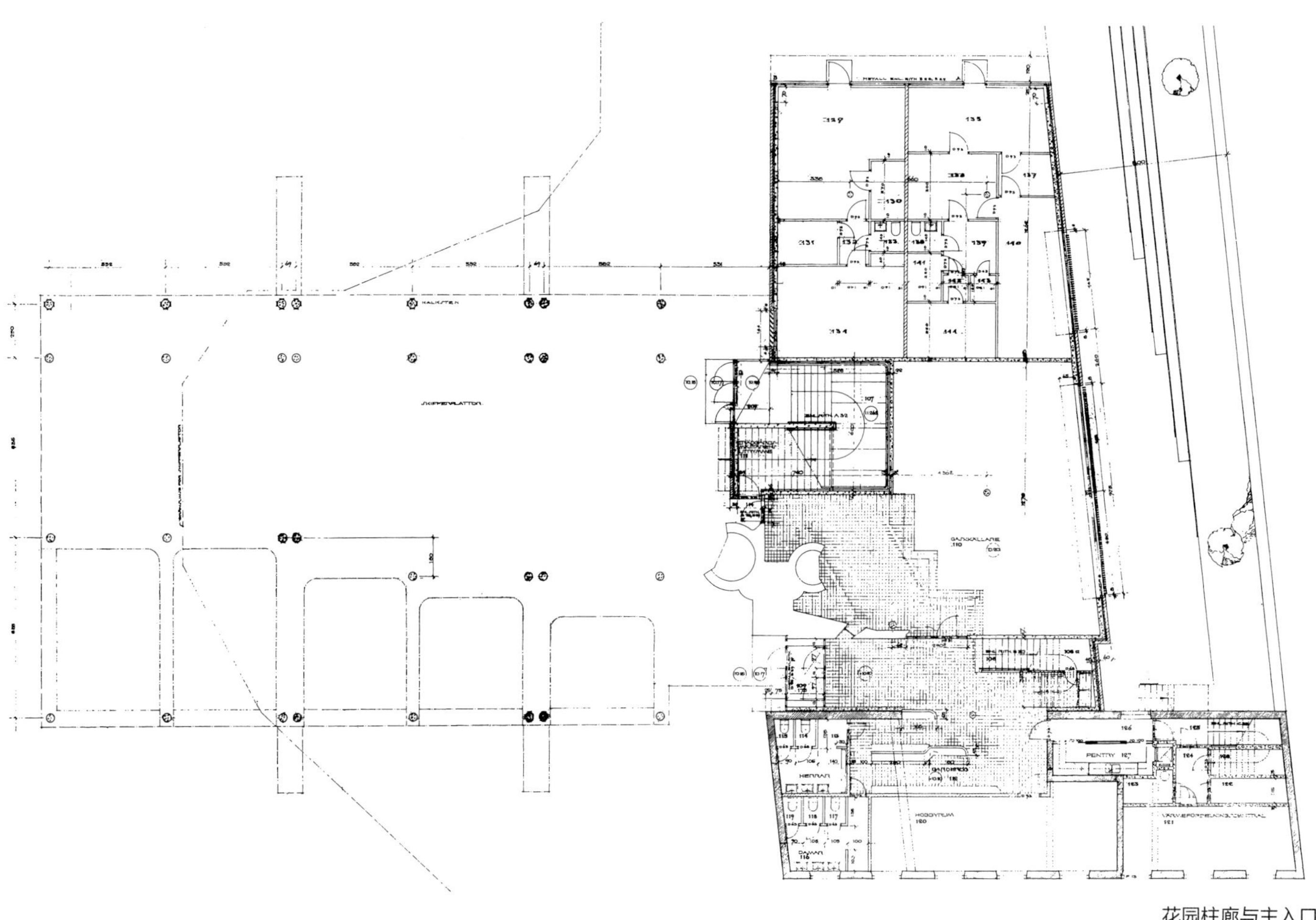

花园柱廊与主入口

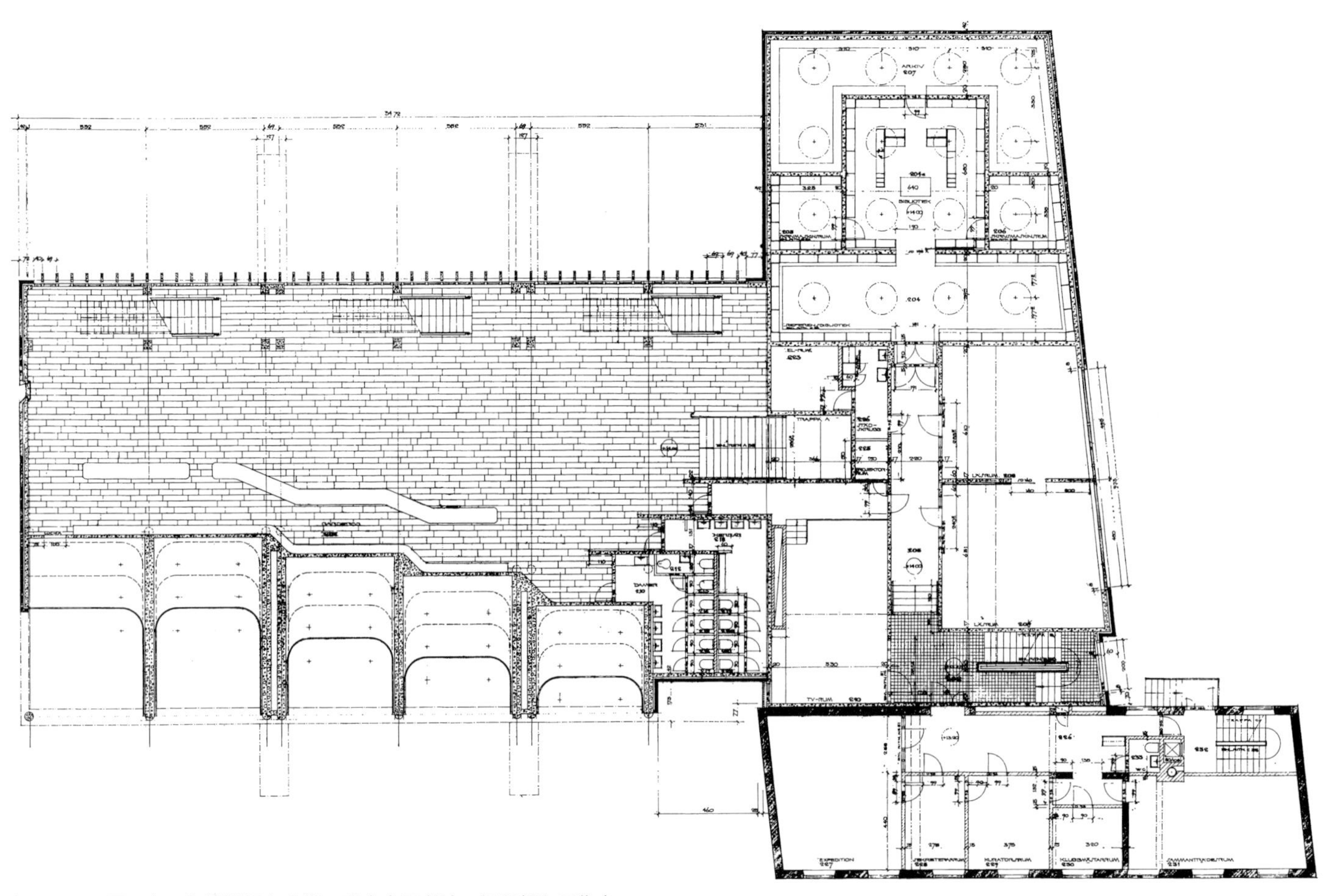

大厅层平面图：有三部楼梯通向会堂、联合会图书馆、俱乐部和工作室

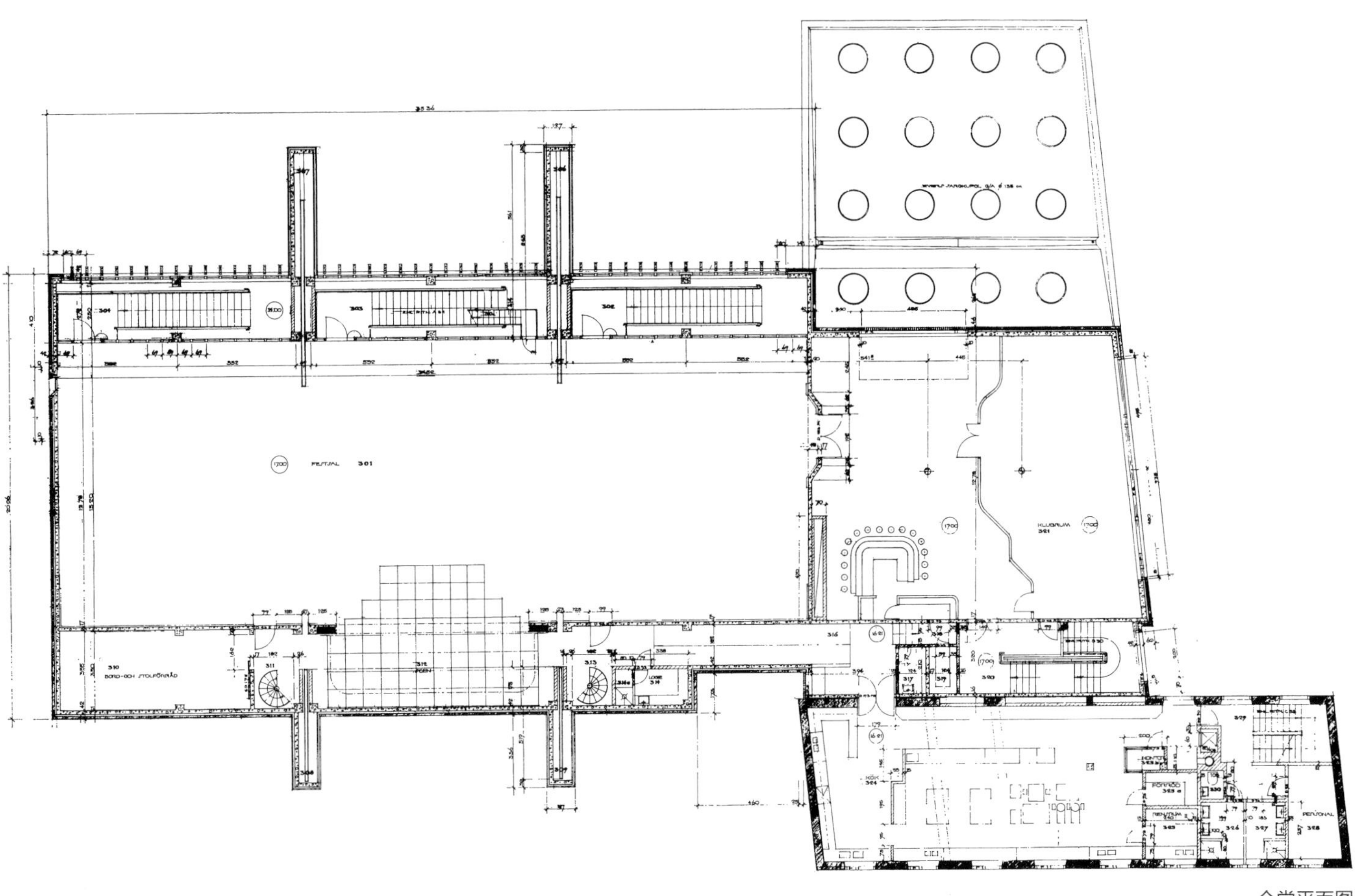

会堂平面图

入口大厅有楼梯通往主会堂

俱乐部

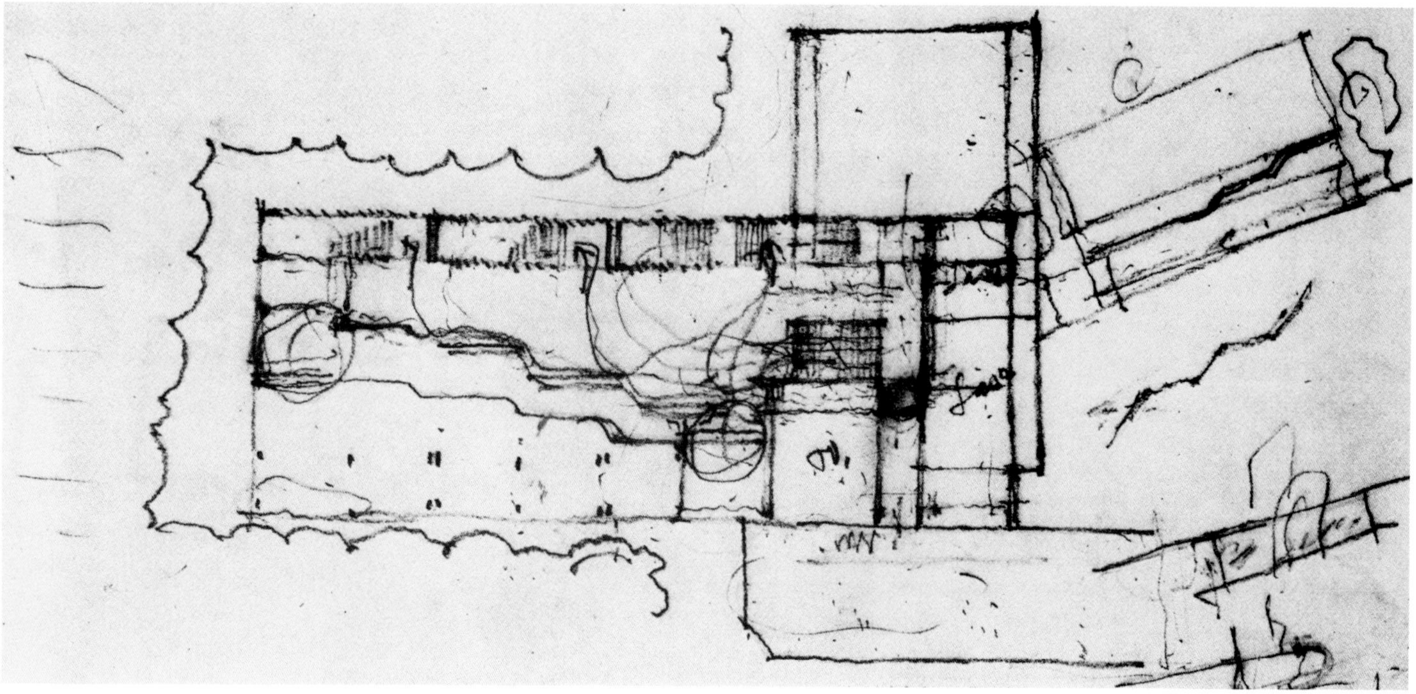

大厅层设计草图

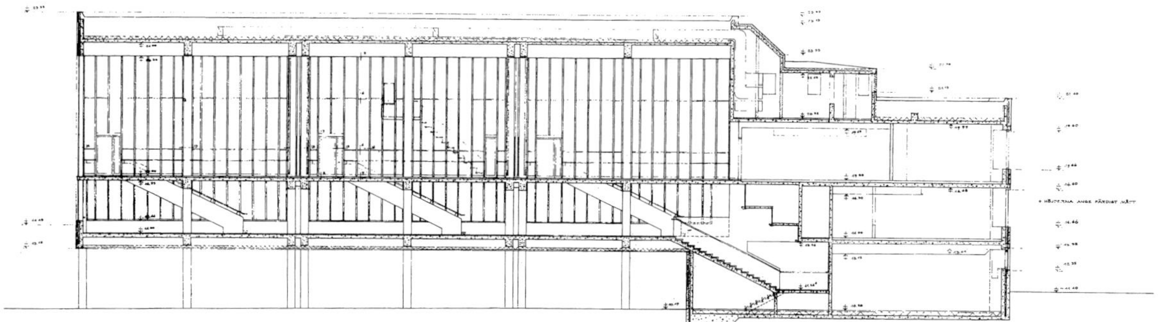

纵向剖面图

室外立面实景：立面一部分是混凝土格栅，一部分是白色粉刷

主会堂中可提升墙的细部：有一个滑动的分隔

主会堂

外观

纽约国际教育协会

1963 年设计，1964—1965 年建造

纽约国际教育协会（Institute of International Education in New York）是一个教师职业的国际协调中心，与联合国组织（United Nations Organization）合作。这座建筑坐落在毗邻联合国总部的一块基地上。办公室和其他调度单元的设计委托给了建筑师沃利斯·哈里森（W.K.Harison），顶层的主要区域和各种家具的设计委托给阿尔托团队。商业基金会和协会委员会提出的条件是所有的室内装置必须在芬兰制造，这样主会堂及其辅助用房可以构成一个艺术的整体。扩建部分没有设计。此外还要求对墙体与其他固定元素进行雕塑般的设计，这将会加强协会的庄严感。这项工程即是依照以上这些原则实施的。

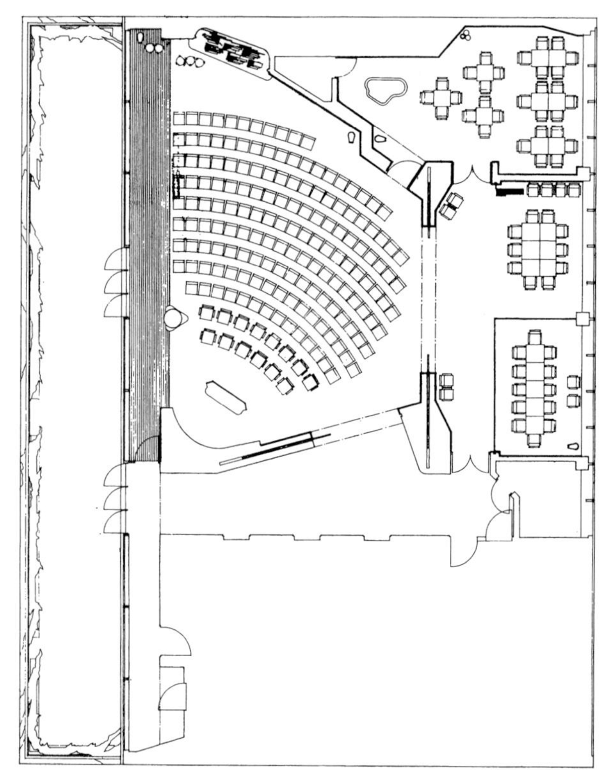

平面图

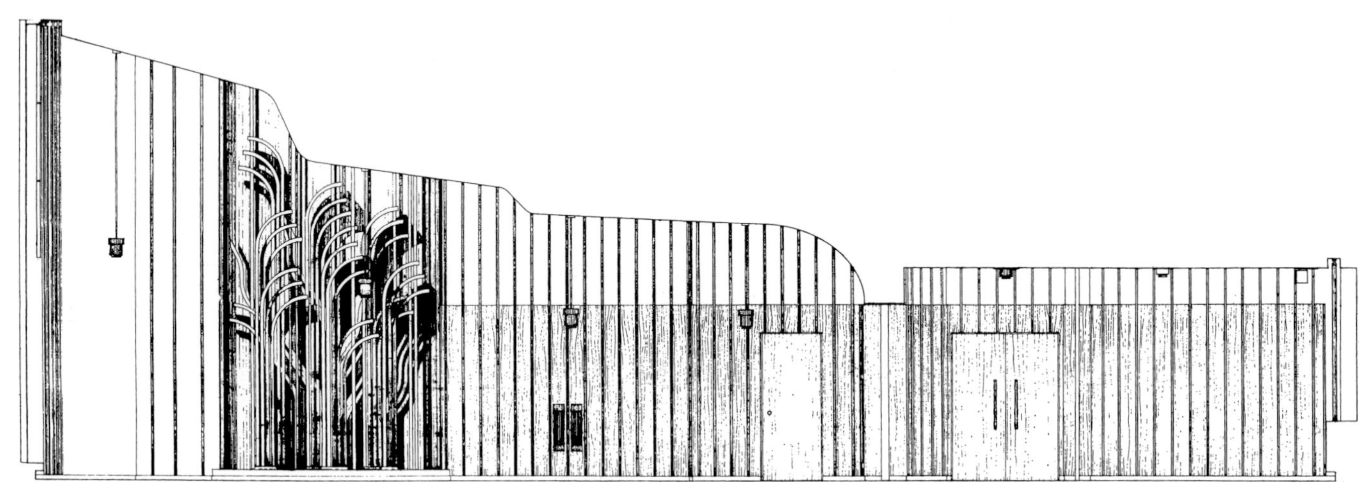

剖面图：看向主墙面上的木雕刻

主会堂的局部实景：其中有会议座席

座席排布成报告模式的主会堂：照明装置是为了这一项目专门设计制造的

木刻细部：木杆需要满足安全防火要求

埃森歌剧院

1959年竞赛（一等奖）

埃森歌剧院（Opera House in Essen）项目展现了第1卷中已经出版的竞赛设计的进一步发展。其他的专家也被召集过来精心探讨这个项目。在他们的帮助下这个项目得到了展开，一部分被修改了，但没有放弃基本的理念。例如，舞台区域必须很大程度上加以扩大，以给技术装置提供空间。此外，防火规范还要求观众楼座要些许抬升。

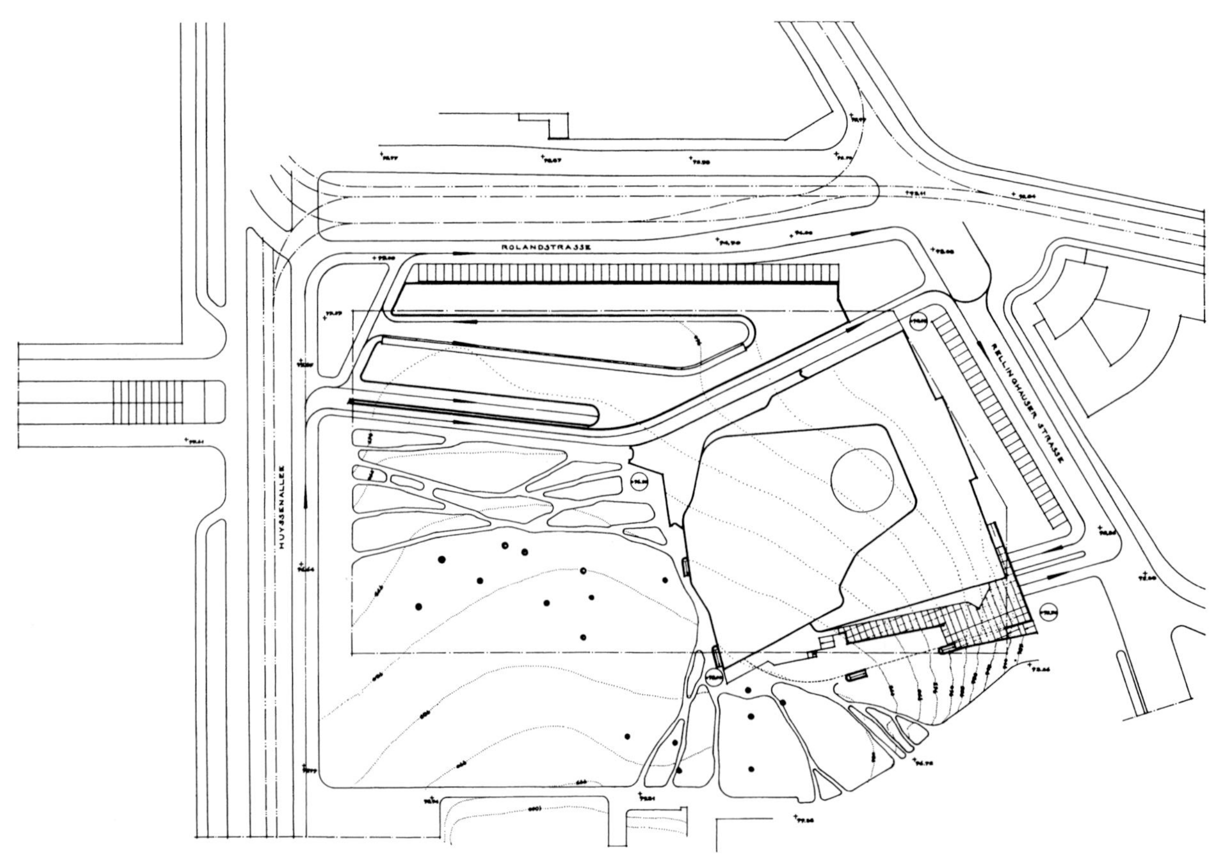

总平面图

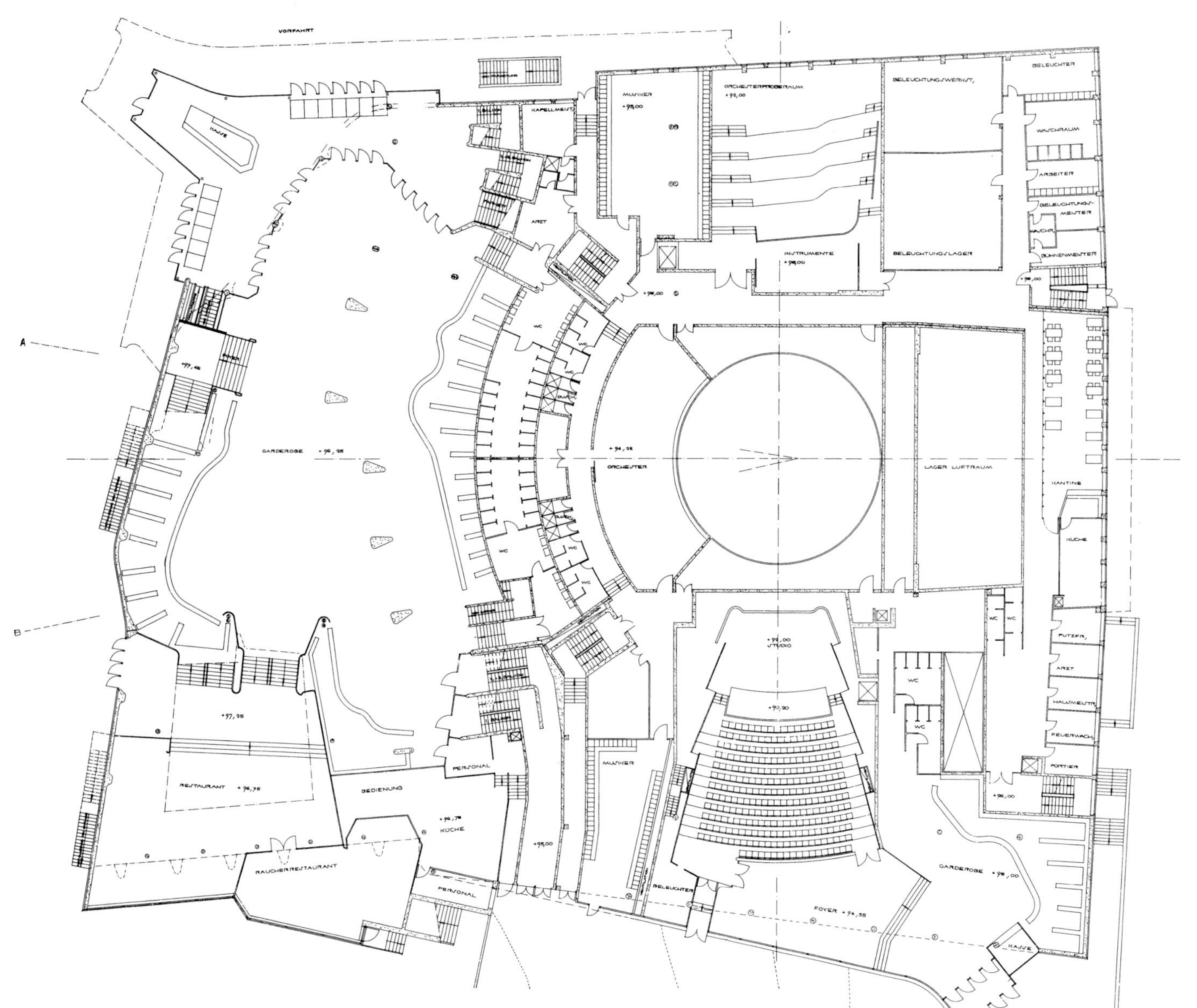

入口层平面图：有衣帽间和工作舞台

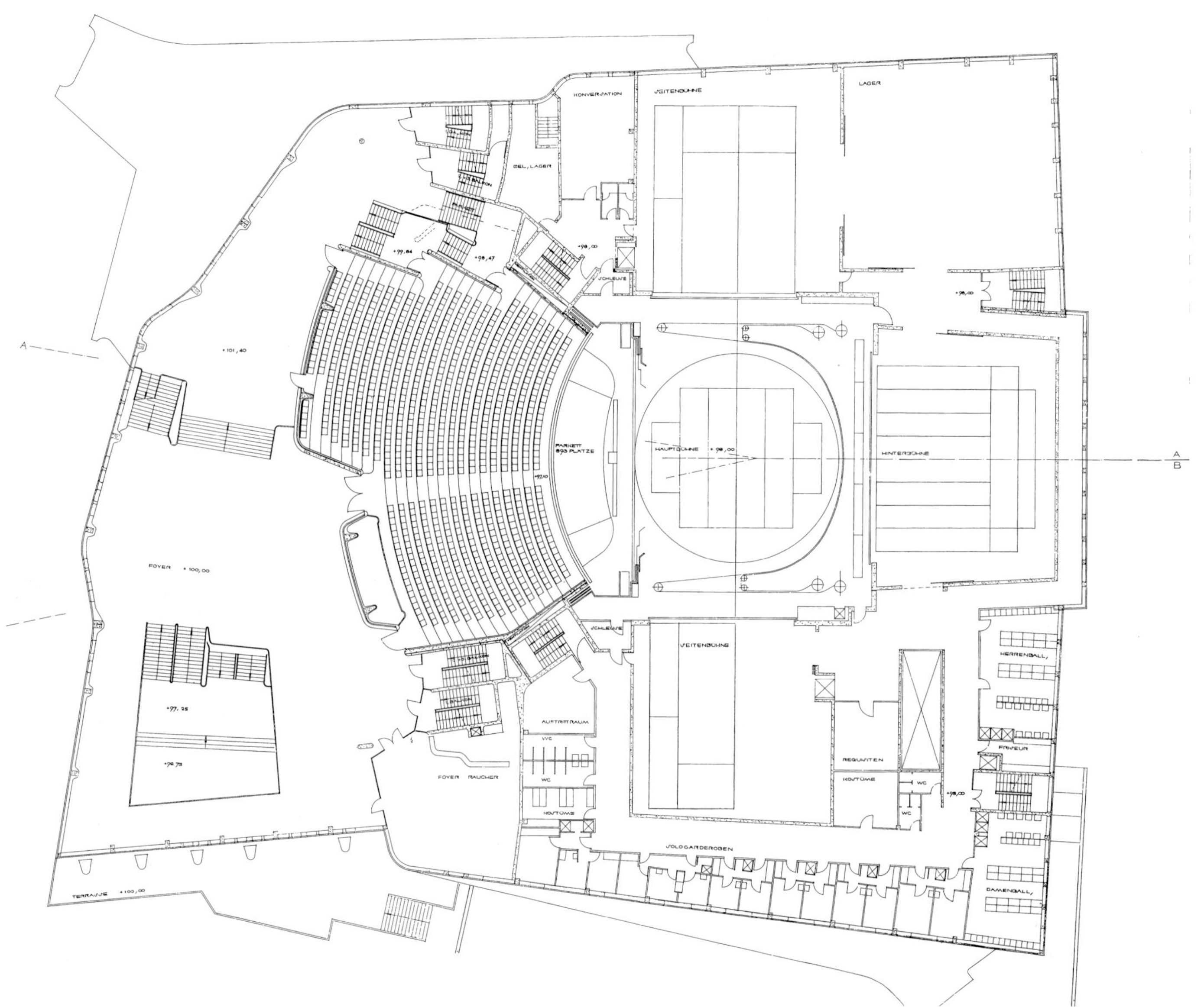

观众厅和主休息厅

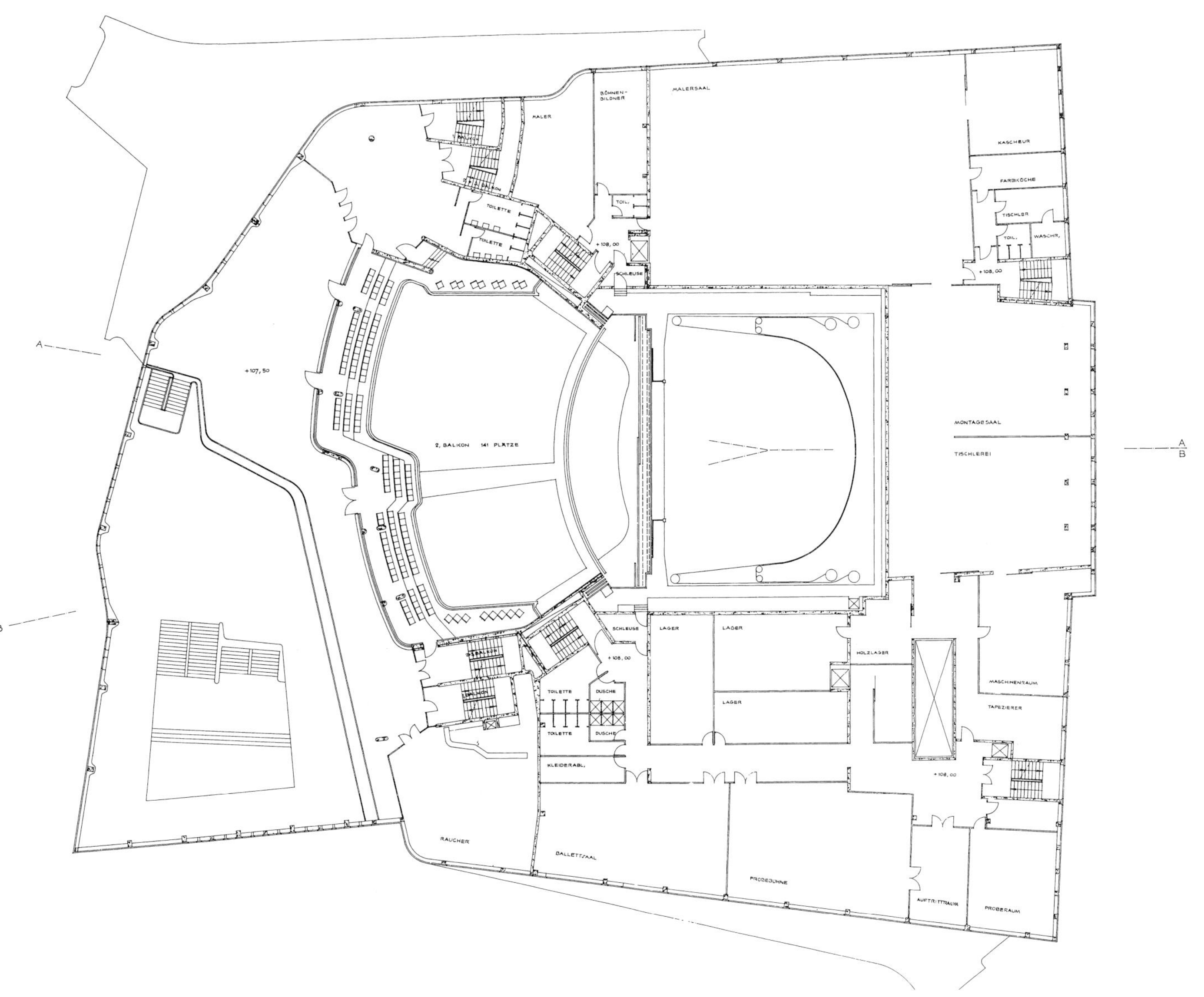

二层包含有休息厅楼座

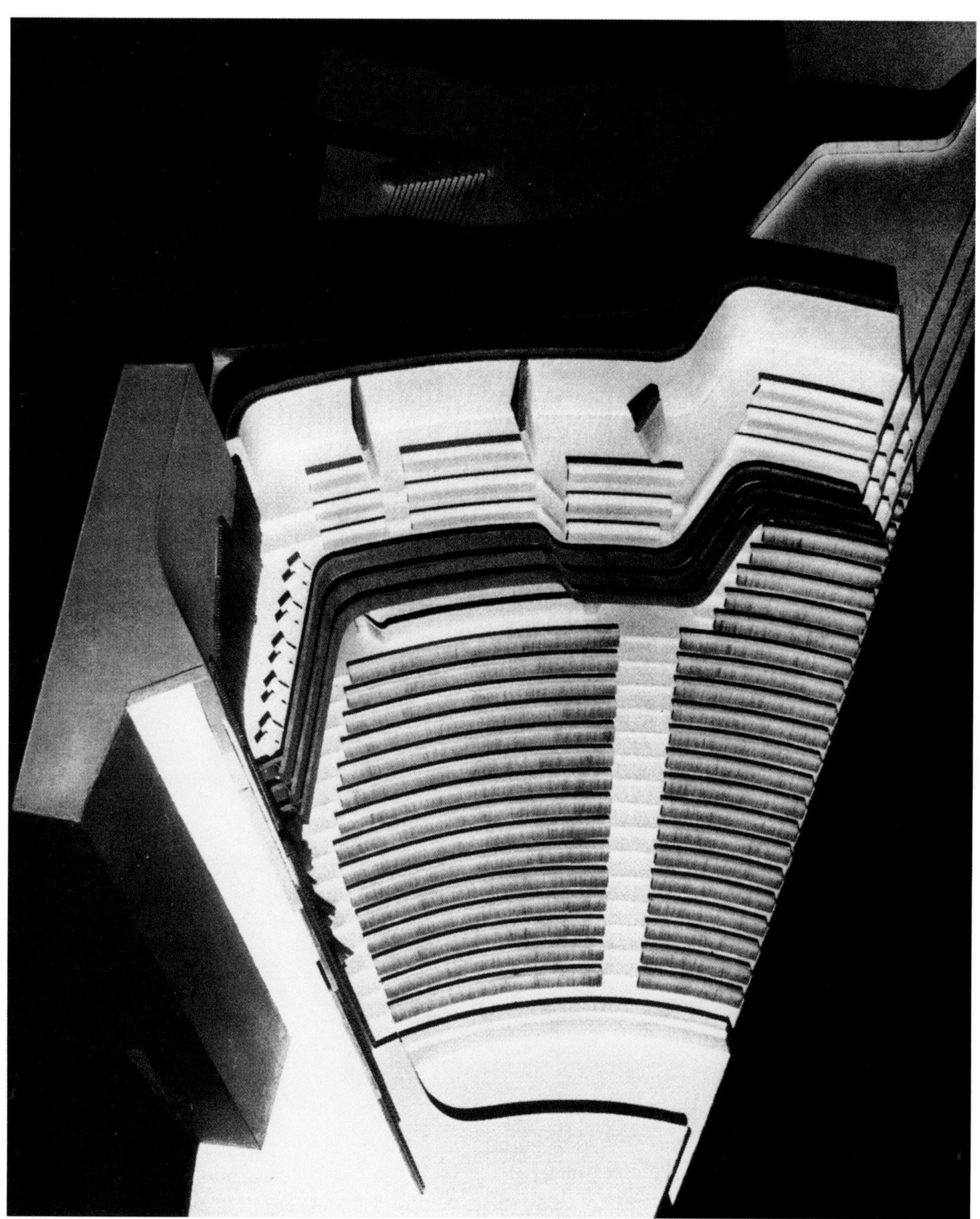

模型的俯瞰照片：表现出观众厅和楼座的一部分

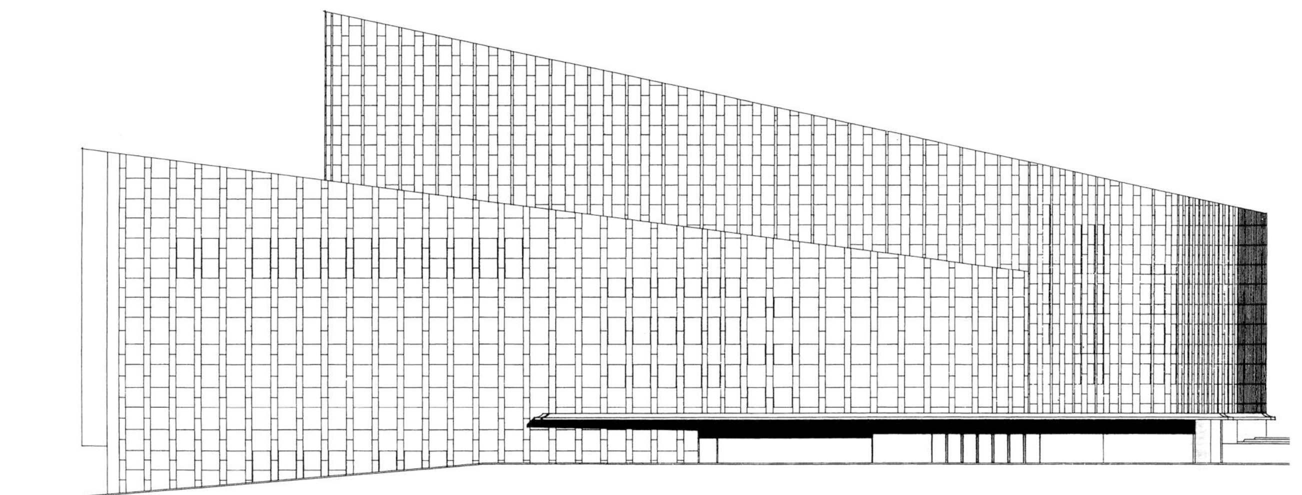

立面图：覆以天然石板材

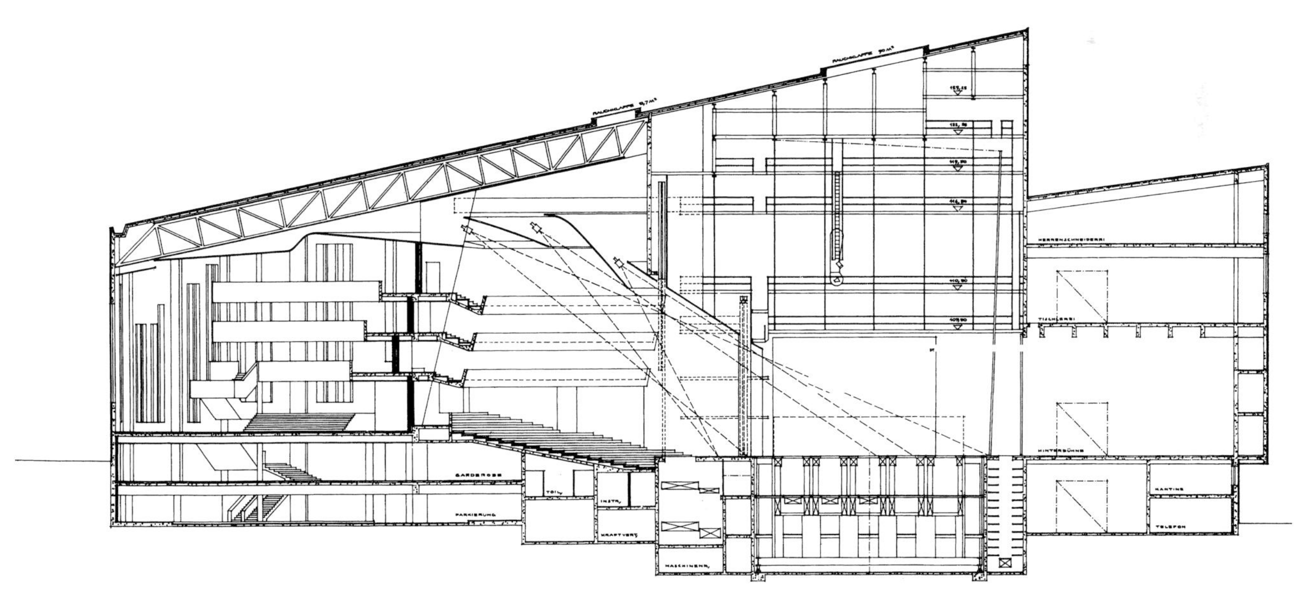

观众厅、楼座、带楼座的休息厅和舞台区域的横向剖面图

模型（一）：看向楼座墙面弯曲的观众厅

模型（二）：看向主休息厅和抬升的楼座结构

模型（三）：装饰浮雕的细部实景

赫尔辛基音乐厅和会堂

1962 年设计，1967—1971 年建造

赫尔辛基音乐厅和会堂（Concert and Convention Hall, Helsinki）是重新设计的城市新中心的一部分，它的位置毗邻大平台区域。基地上的树木会被保留下来。步行区域沿西方之国公园（Hesperia Park）纵向分布，位于曼纳海姆大街（Mannerheim Street）和音乐厅之间。停车场最终与平台结合在了一起。如果还有另外的会议要求，建筑可以向市立博物馆方向扩建，博物馆也可以用于会议活动。

在其粗略的外形下，音乐厅的空间节点包括：可以容纳 1750 人的音乐厅，350 人的室内音乐厅，300 人可灵活划分的餐厅，再加上无线电基础设施。

空间按以下的次序出现，在不同的层面上，从下到上：

汽车驶入层：汽车在最底层驶入，可以到达位于上层的不同厅堂的入口。在这一层还为西方之国隧道（Hesperia Tunnel）留有空间，这个隧道在整个建筑之下纵向穿过。

入口层：这一层与西方之国公园位于相同的标高上。在这一层上容纳了所有的休息室、衣帽间和卫生间，以及乐队成员使用的更衣室和盥洗间。

厅堂层：主要的使用功能位于厅堂层的标高上，包括音乐厅及其休息厅、室内音乐间及其休息室、餐厅和厨房。

包厢层：行政管理办公室位于包厢层。

空间可以根据需求再次划分。尤其值得提及的是不仅音乐厅的房间与其他的混凝土结构完全分离，而且直至基础层都采用特殊的隔声节点，以阻断任何来自外界的干扰噪声。

立面采用白色大理石和黑色花岗岩。在特别的装置中，需要提及的有调控声音的装置（在音乐会期间会使用）和内置同声传译系统。

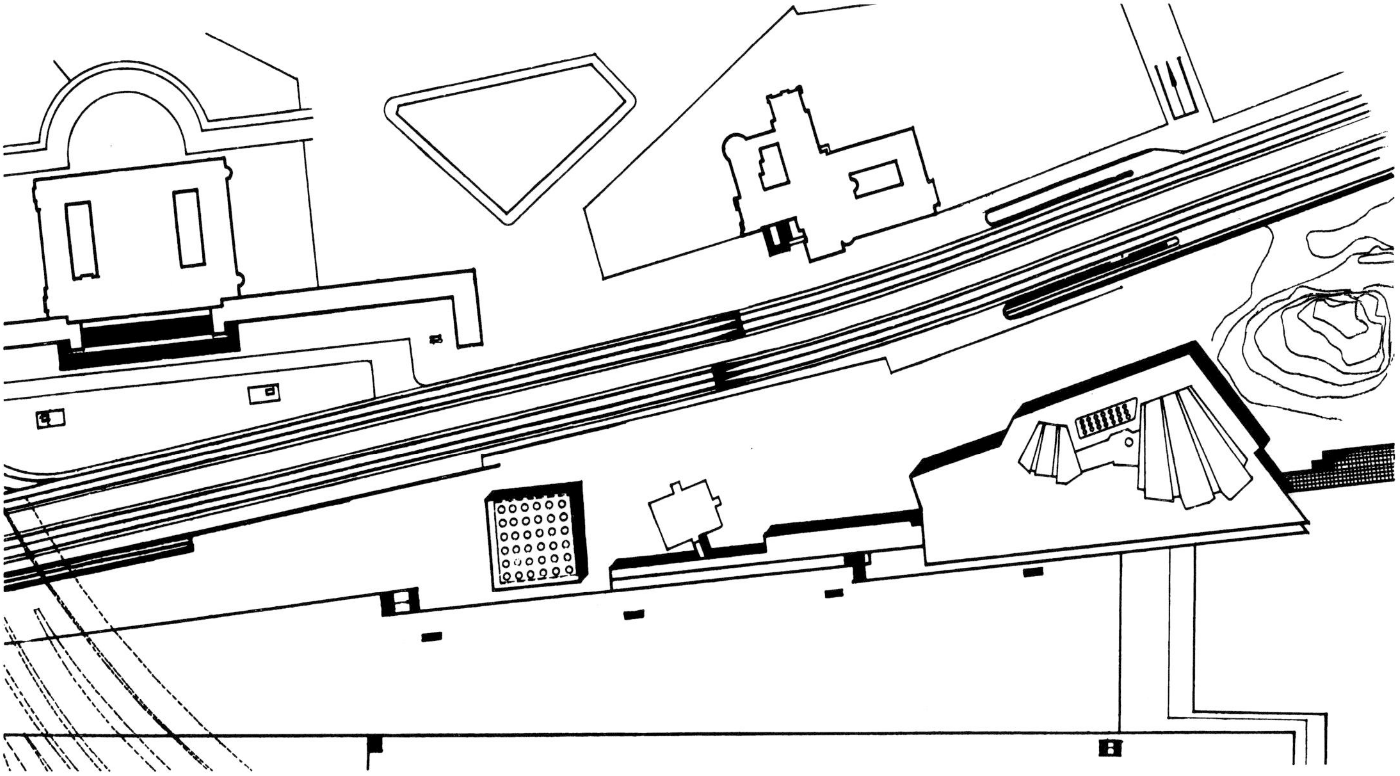

总平面图：左侧，议会大厦；右侧的毗邻建筑，国家博物馆、曼纳海姆大街以及西方之国公园的步行区域；右下，音乐厅和会堂

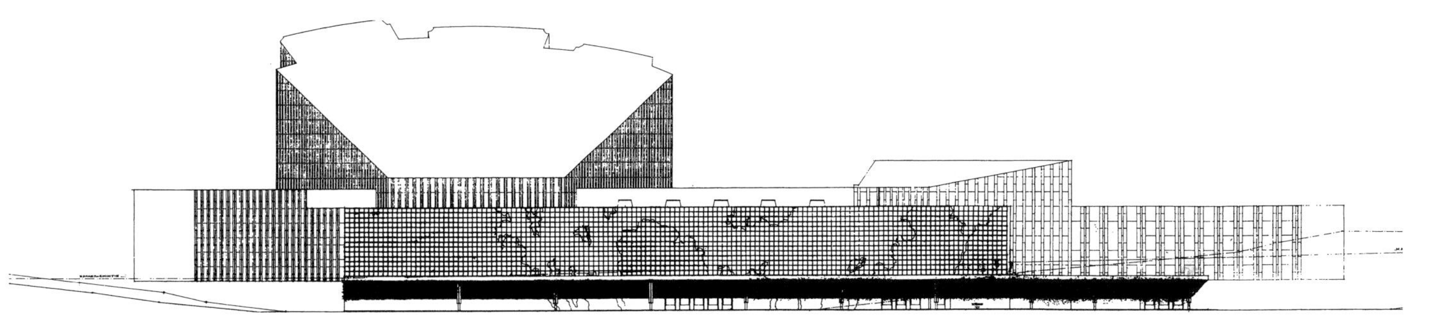

西方之国公园一侧的立面草图

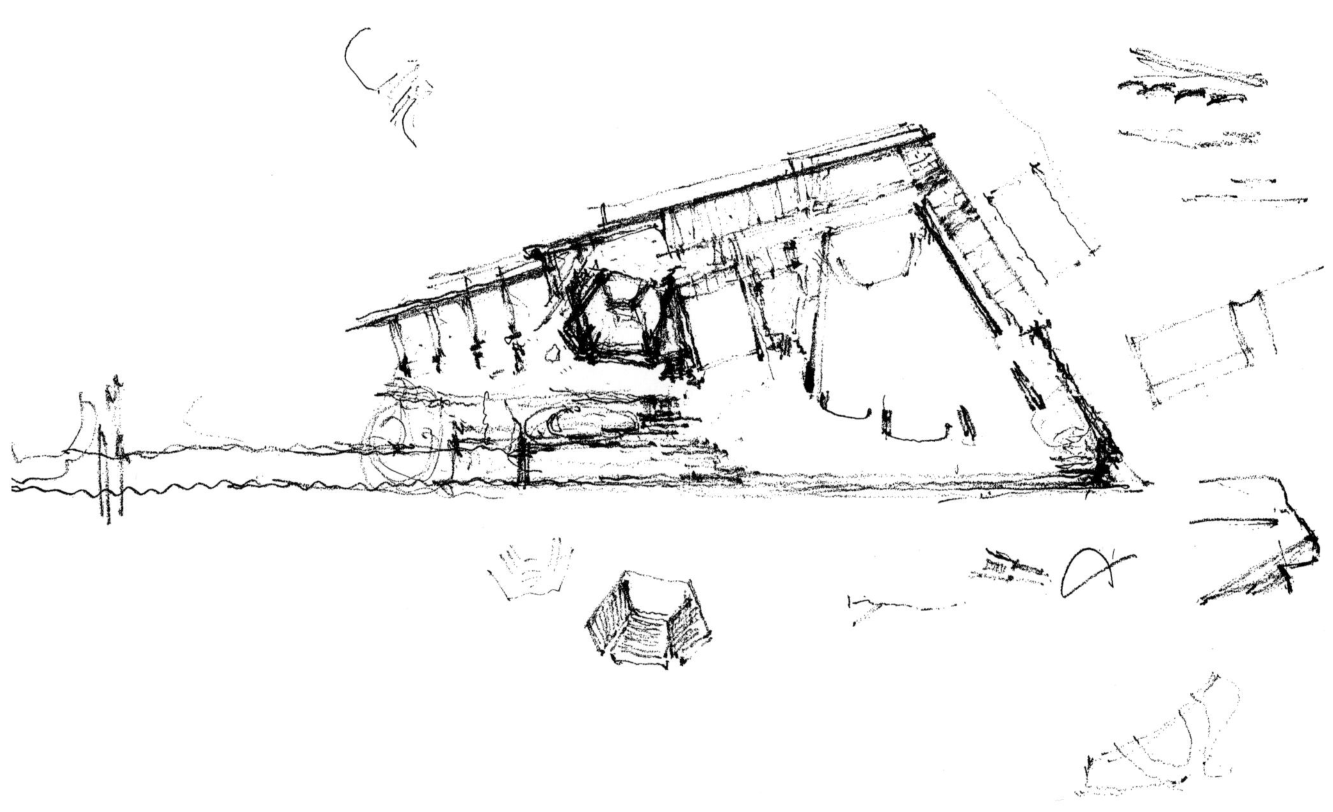

厅堂层的设计草图

入口层的设计草图

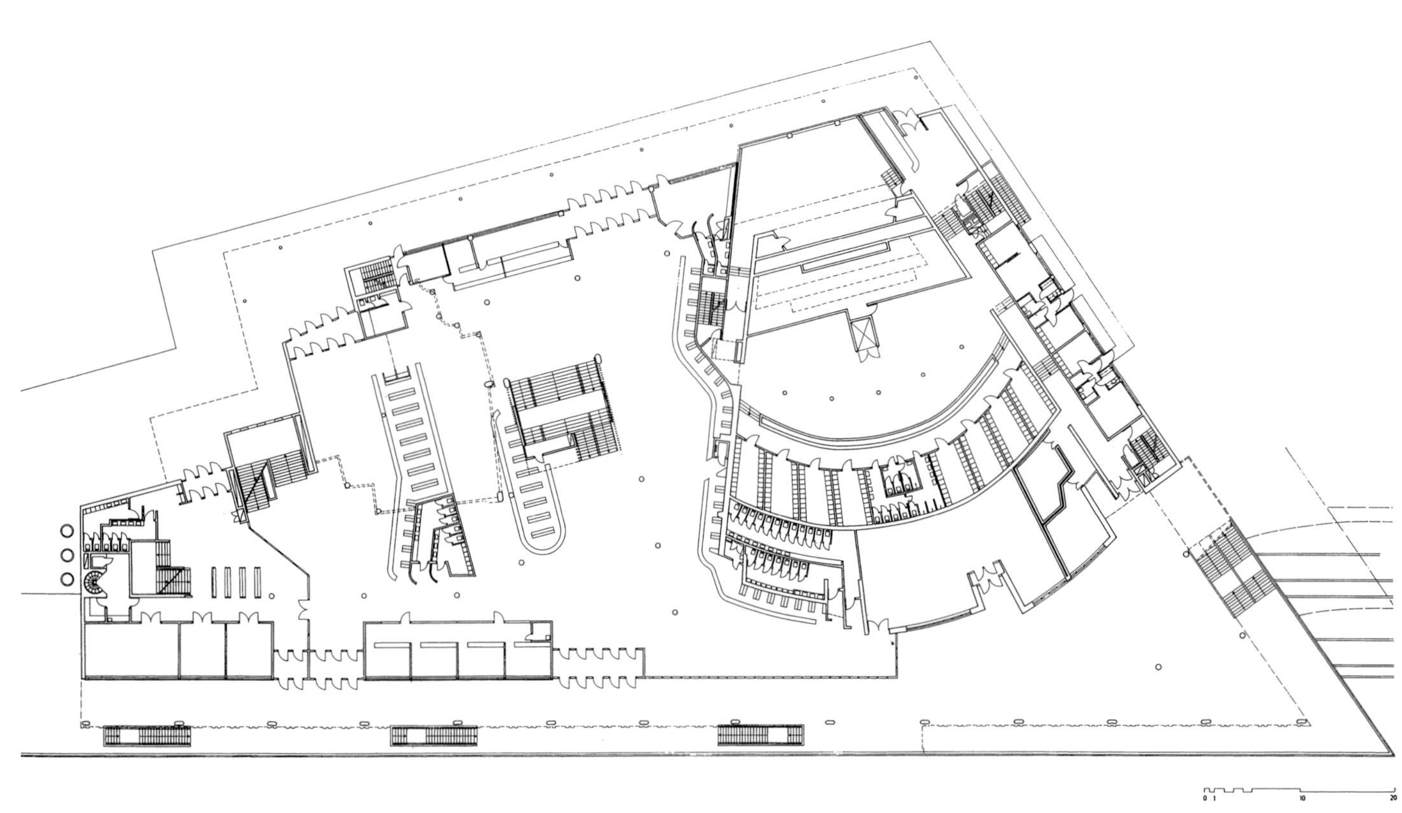

入口层平面图：如果需要三个主要区域，每一个在建筑的纵向上都有独立的出入口

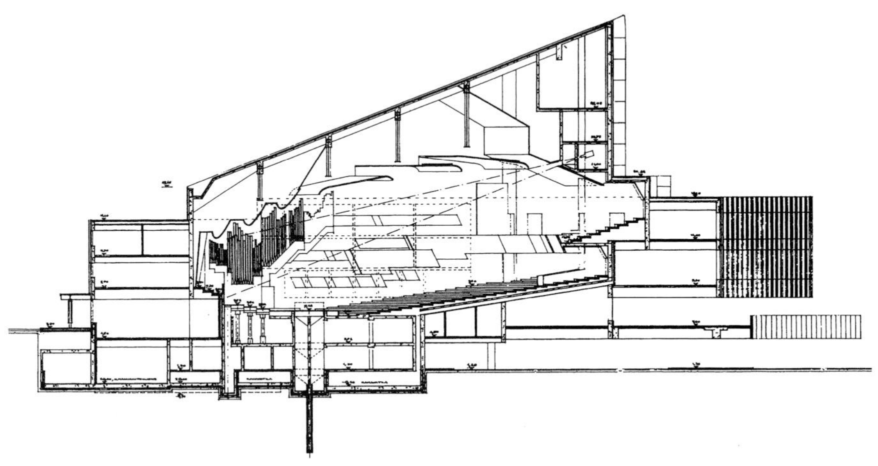

横向剖面图：右侧，在湖岸之上的步行走廊；下，经由西方之国隧道通向停车场的通道

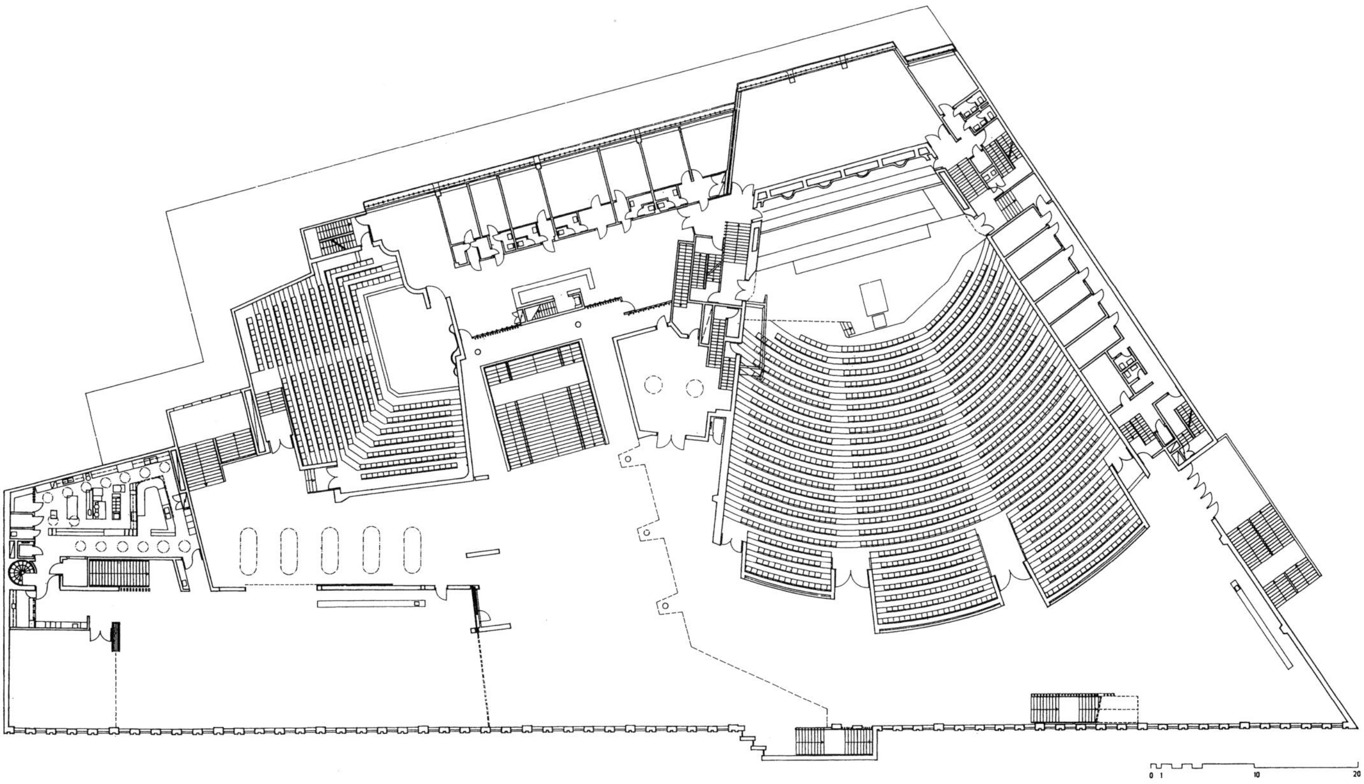

主层平面图

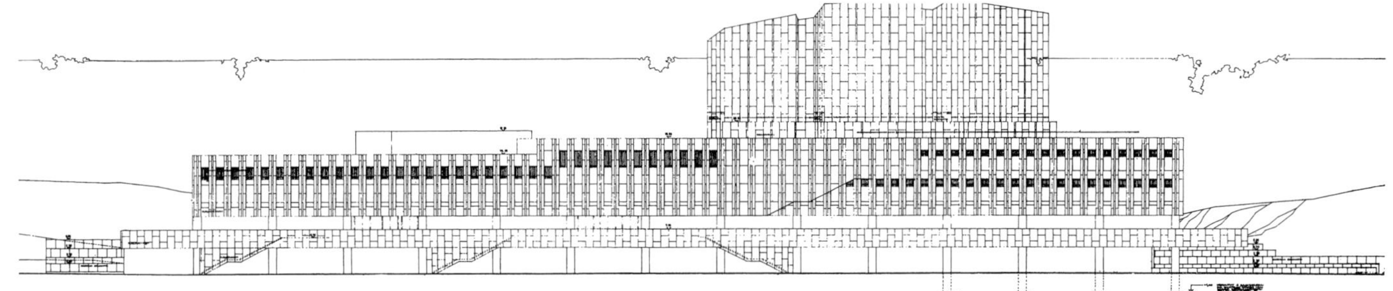

沿道路的入口立面草图

从道路入口方向看到的模型正面照片：前景是平台区域和吐罗湖

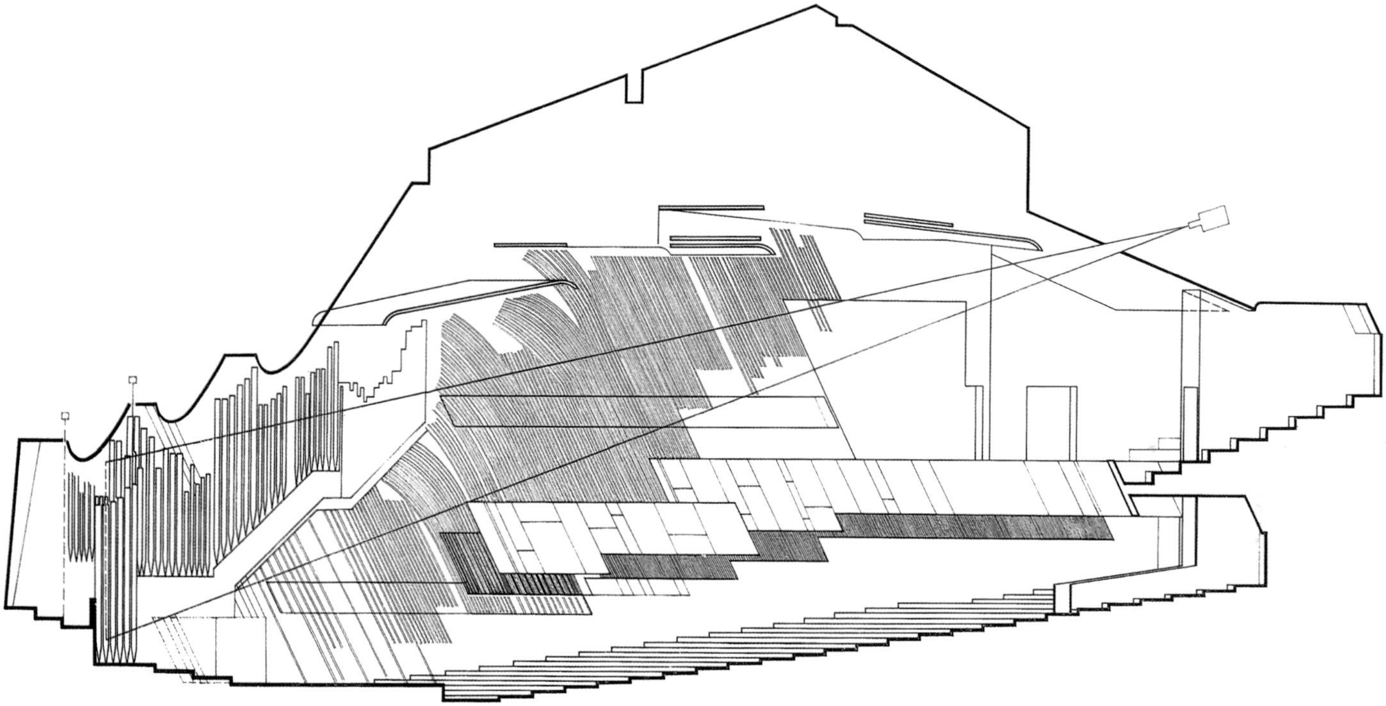

室内剖立面图

塞伊奈约基剧院

1968—1969 年设计

塞伊奈约基剧院（Theater in Seinäjoki）同时也是会堂和俱乐部，其用以服务城市及其近郊。这是一座小的、紧凑的多功能建筑，其设计类似于沃尔夫斯堡剧院和埃森歌剧院竞赛的方案。

内部的要求要比以上所提及的两座建筑简单。设计的主要关注点在于舞台的建造。它可以通过不同的方法轻易转换，以适应业余的戏剧作品。希望这种有意识的简单设计会激起参观者参与的积极性，而不是像在传统活动中那样仅仅作为观众。

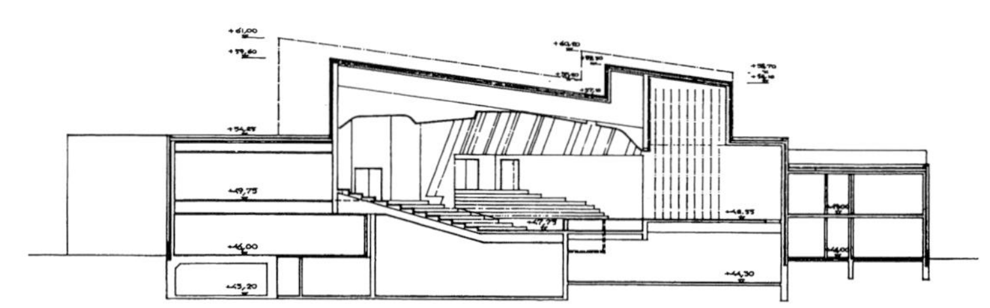

入口、休息厅、观众厅和舞台的横向剖面图

研究模型：左侧是市政厅，右侧的背景是图书馆。剧院将会呼应这座城镇的天际线，与此同时它也会是一个自治的实体，其设计源于它的功能

观众厅层平面图：观众厅可以通过滑动的墙再次划分，这种布局可以生成一个报告和独奏厅，容纳 150 个座位。休息厅也可以再划分。位于布幕与乐池之间的台口没有任何声音的干扰，位于比主舞台低一些的标高上，也可以用于乐队演奏。演奏空间可以覆以顶盖

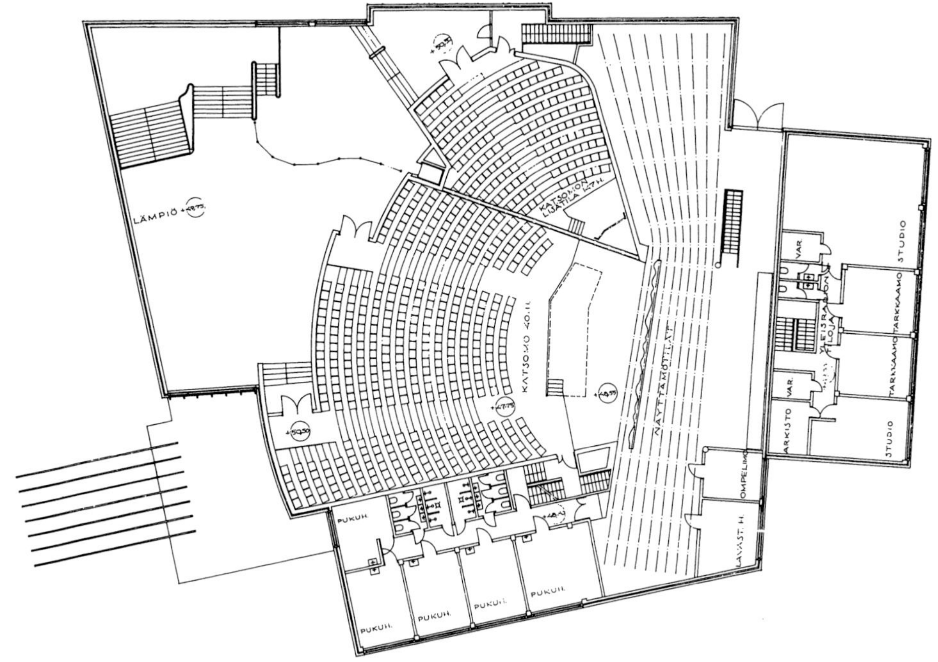

入口层平面图：主入口门厅有衣帽间和通向休息厅的坡道。小餐厅和小的展室紧邻舞台下部空间，有其独立的入口，也可以从观众厅到达。主入口临近停车场。餐厅可以经由花园餐厅从主广场的一侧进入

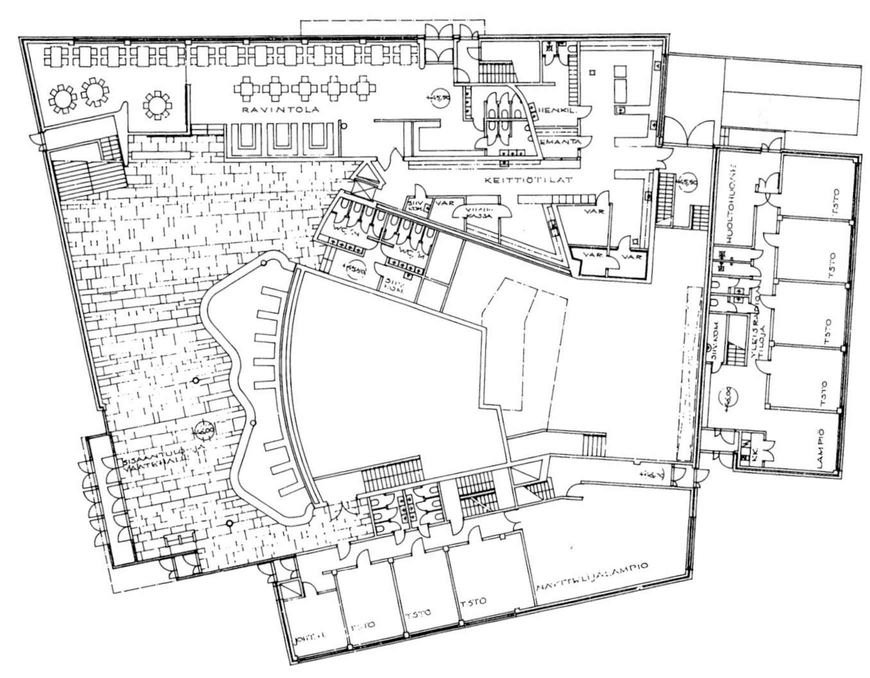

沃尔夫斯堡剧院

1966 年竞赛（二等奖，本设计将不会实施）

德国的这项任务包含的主要问题是使这座沃尔夫斯堡（Wolfsburg）的剧院建筑与城市的视觉景观相协调。这里大的交叉路口割断了与已经建成的文化中心和市政厅广场的直接联系。剧院的位置与主大道的轴线成微小的夹角。导向剧院的开敞空间使得视觉的焦点落在突出的山岗上，山岗构成了背景而且同时也限定了城市中心的界限。

通向剧院的人行道的标高一部分在街道标高层以上，一部分在街道标高层以下。

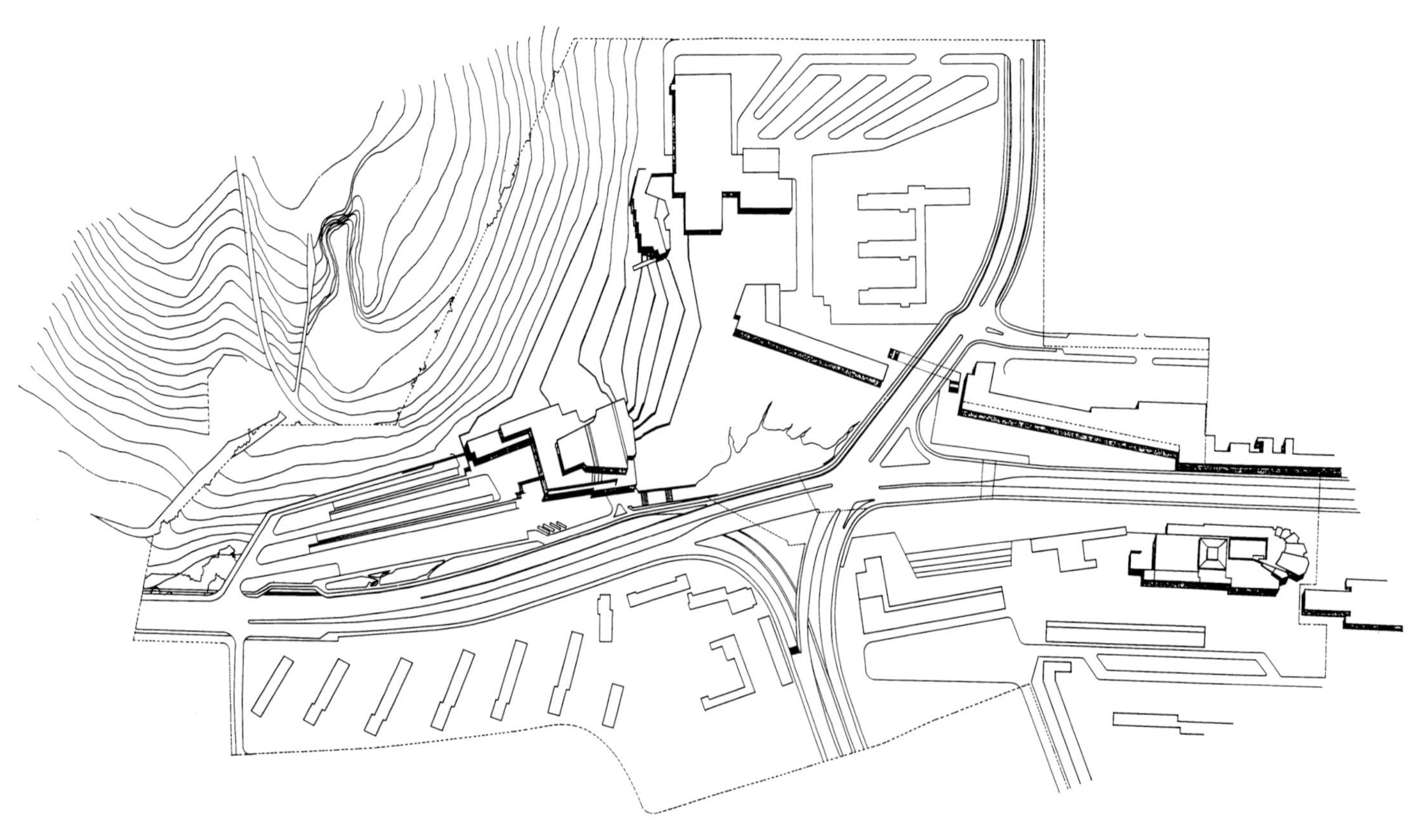

总平面图

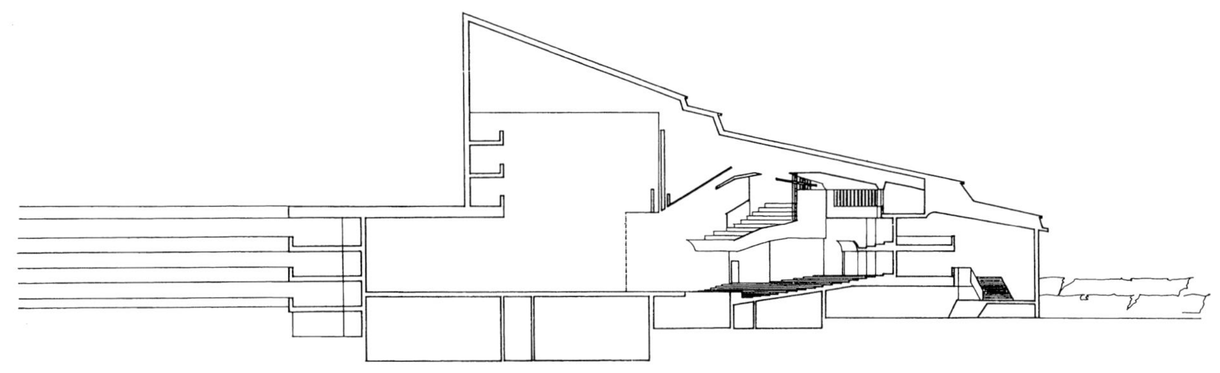

剖面图

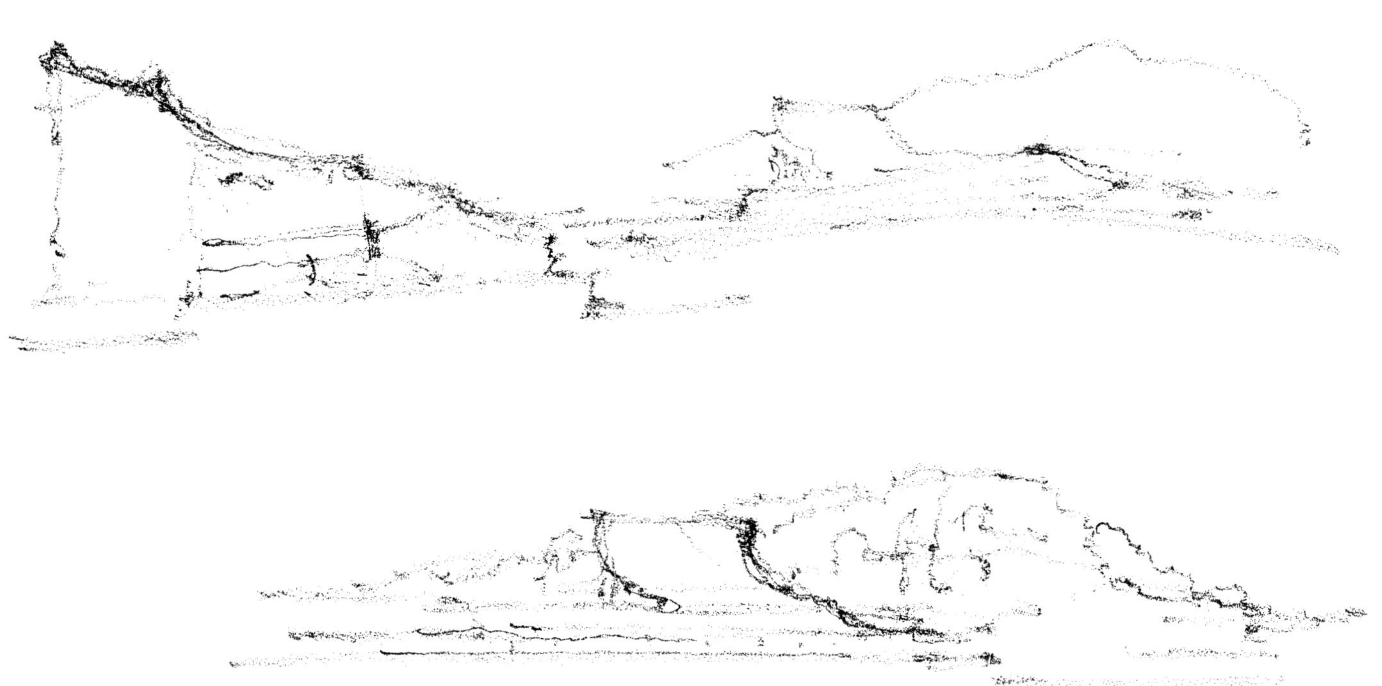

设计草图：剖面图以及从主大道看向剧院，背景是山岗

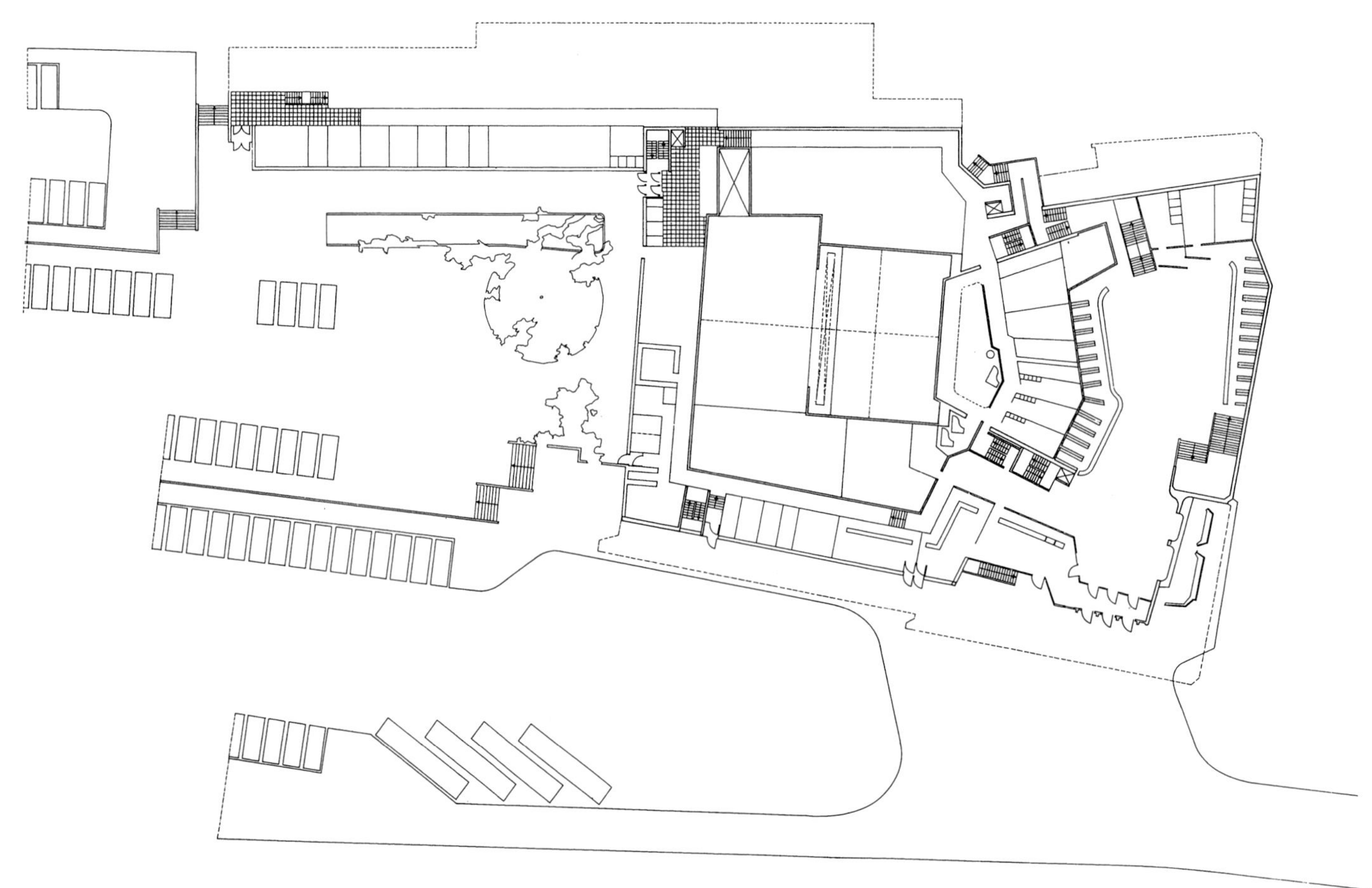

入口层平面图：包括衣帽间和休息厅

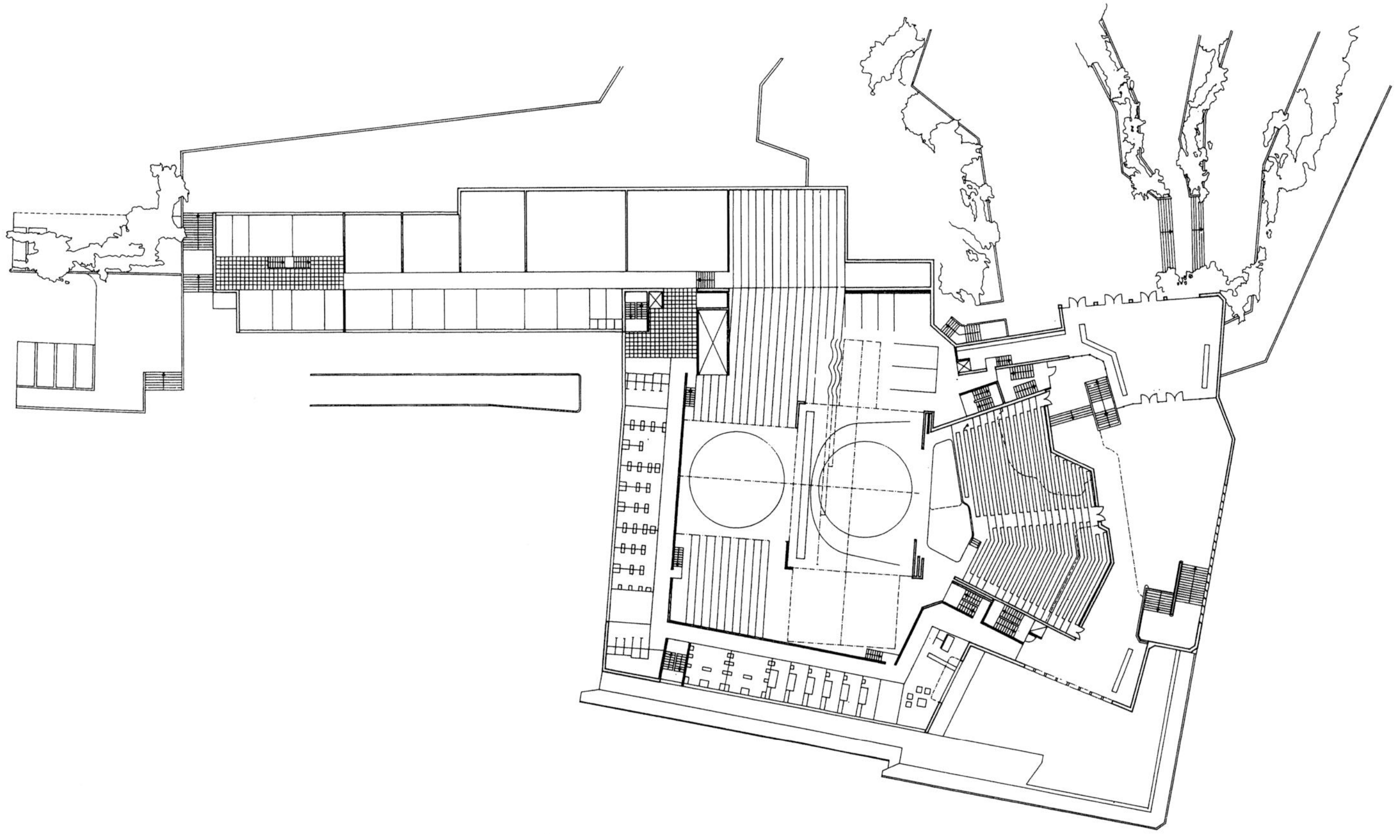

主层平面图：包含观众厅和主休息厅，主休息厅有独立的入口，也可以用作其他用途

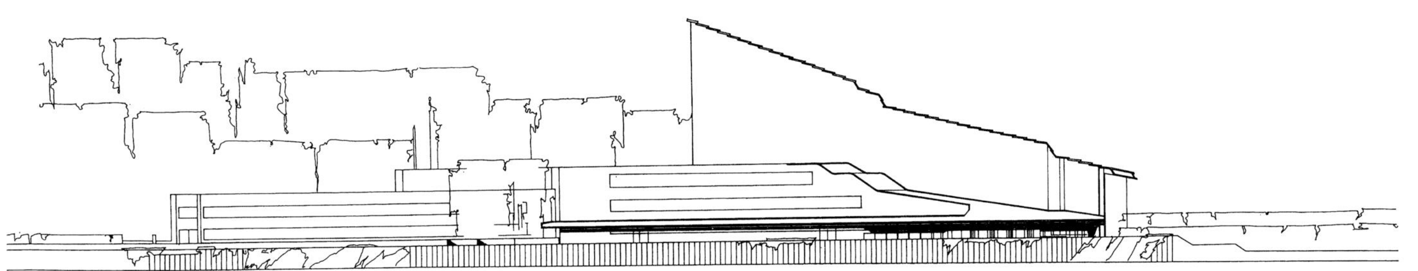

立面图

锡耶纳文化中心

1966 年竞赛

为意大利的锡耶纳新文化中心（Cultural Centre in Siena）做了一个十分不同寻常的设计。它坐落于一个巴洛克堡垒（Baroque fortezza）围绕而形成的庭院中。从城镇规划的角度来看，防御工事的规模超过了中世纪锡耶纳城市的限度。著名的城市广场可以被很好地置于堡垒的内部庭院之中。这座新的文化中心意在上述所提及的基地上构建清晰大胆的建筑语调。

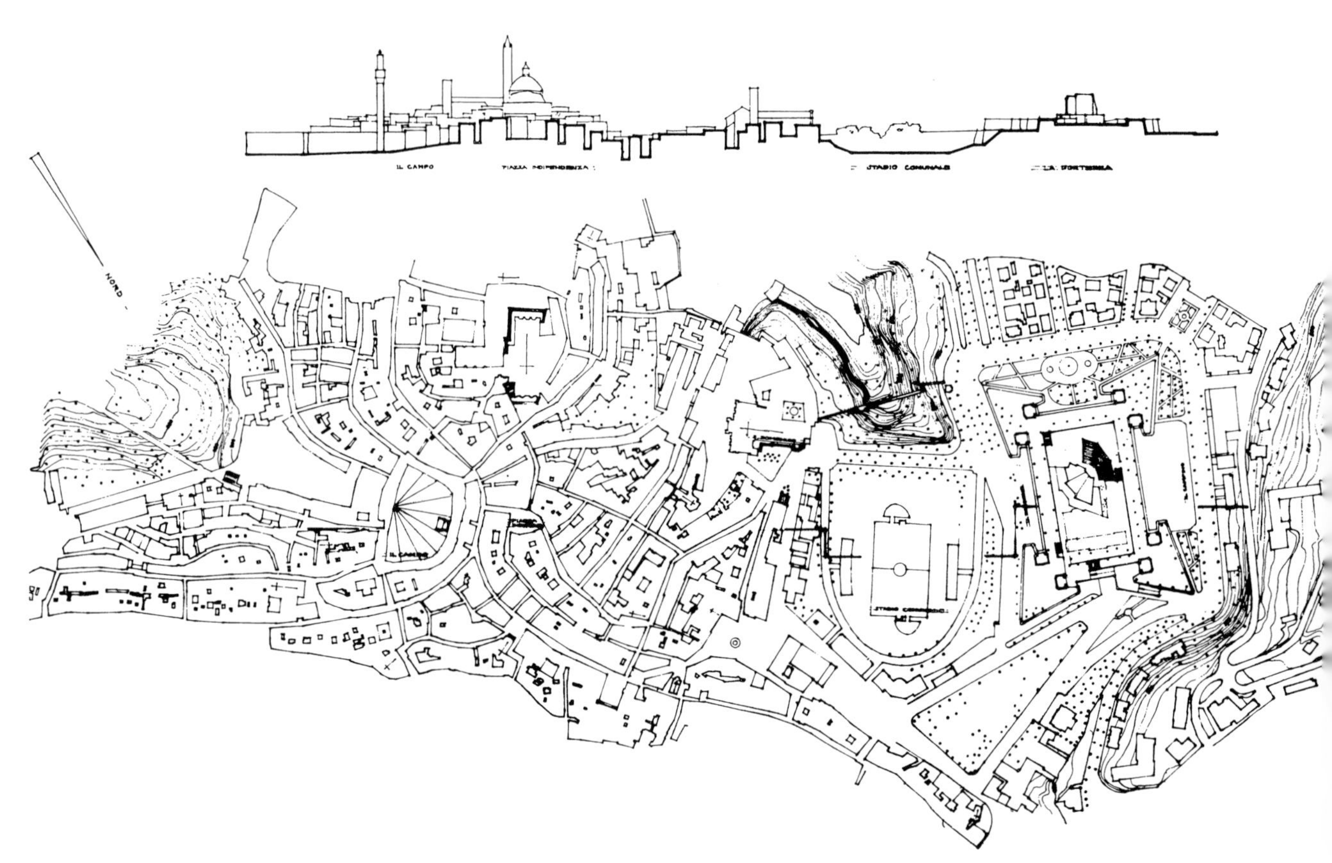

锡耶纳城市规划图：包括地貌和剖面轮廓，右侧是堡垒

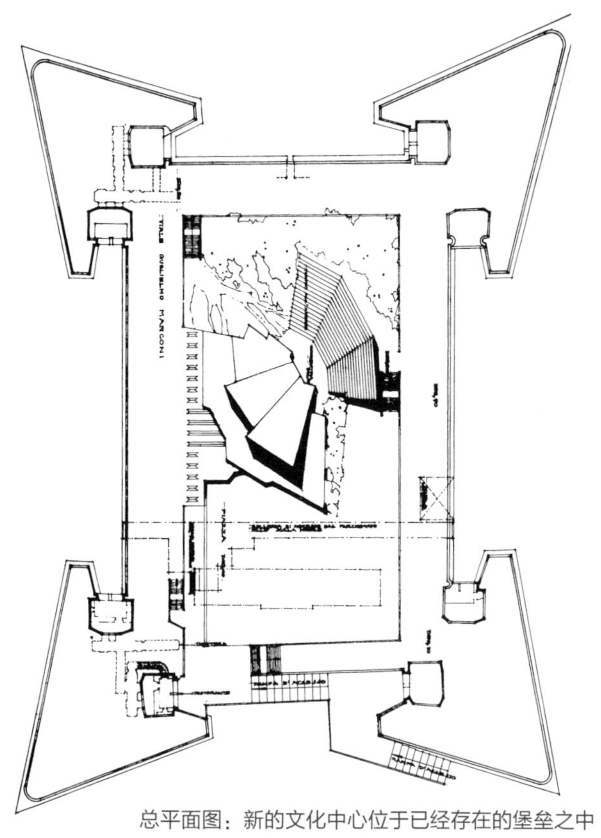

总平面图：新的文化中心位于已经存在的堡垒之中

初步概念草图

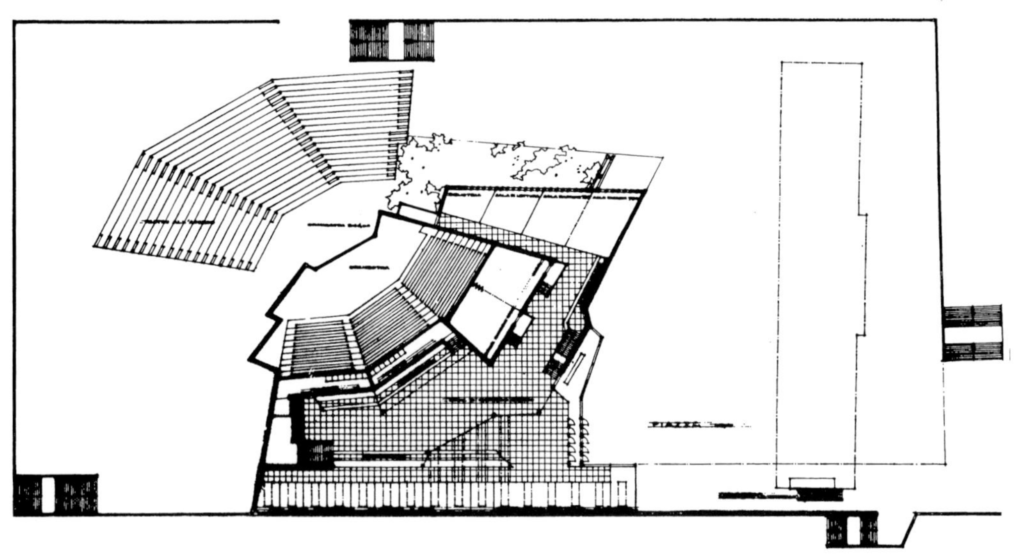

入口层平面图：主入口与已经存在的庭院位于相同的标高上。在这一标高上有衣帽间、两个小会堂和舞台需要的用房。舞台后面的墙可以打开，这样做的结果是同一个舞台区域还可以服务室外的剧场

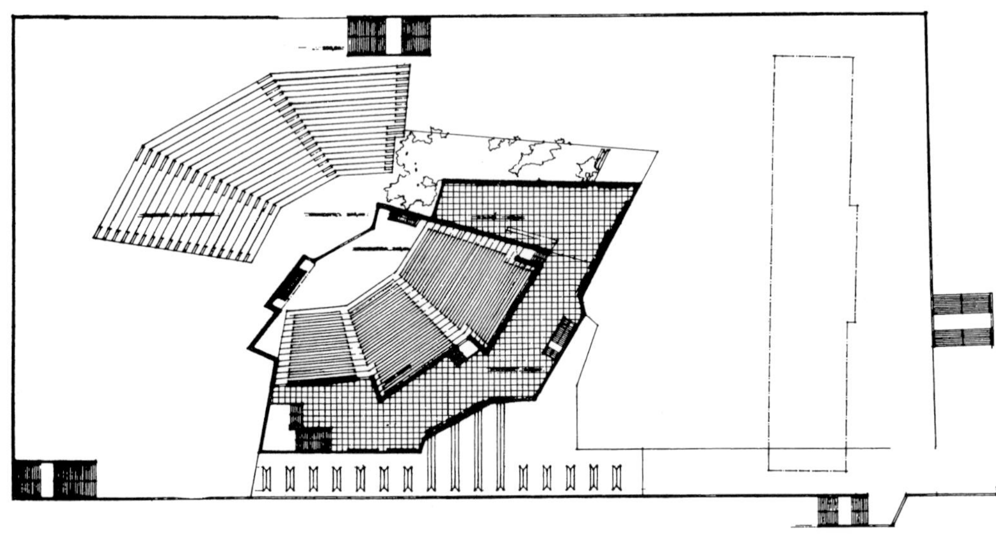

休息厅标高层平面图：实际上休息厅是在一层平面上的，与防御工事的顶部位于相同的标高上。从休息厅可以向外俯瞰这个城市中世纪的天际线

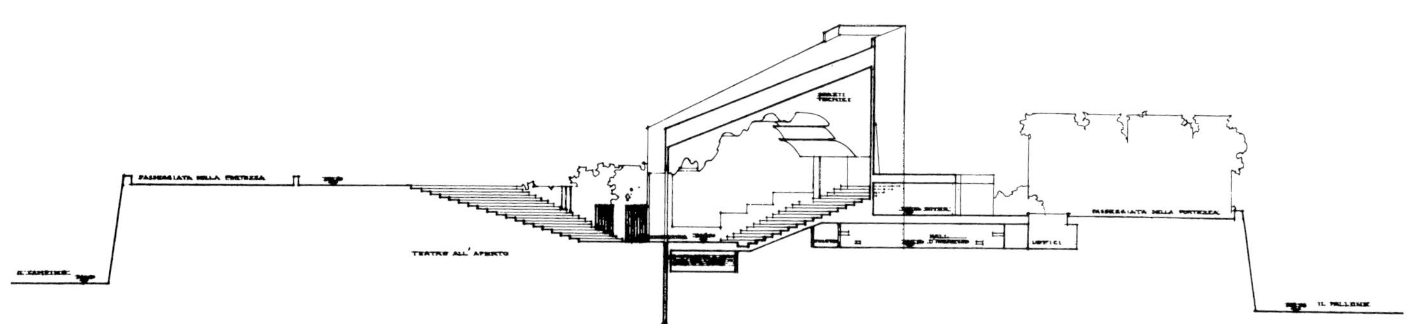

室外剧场、室内观众厅和休息厅的横向剖面图：庭院上至堡垒的顶端被局部填充上。在宽阔的堡垒顶部公共花园与即将布置好的低层广场构成了均衡的对比。这个广场在所有面上都被墙围合，是已经存在的庭院的一部分，而且也适用于举行各种文化活动

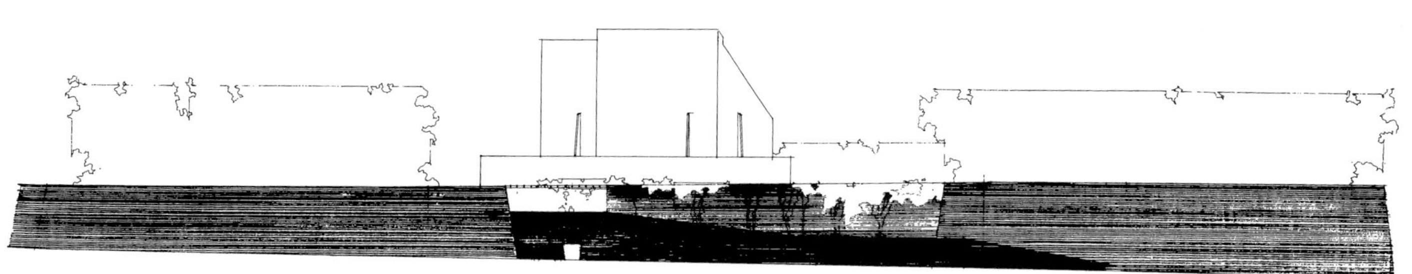

从城市看向文化中心的立面图：设计中大面积的有顶剧院比堡垒的顶部高出了很多

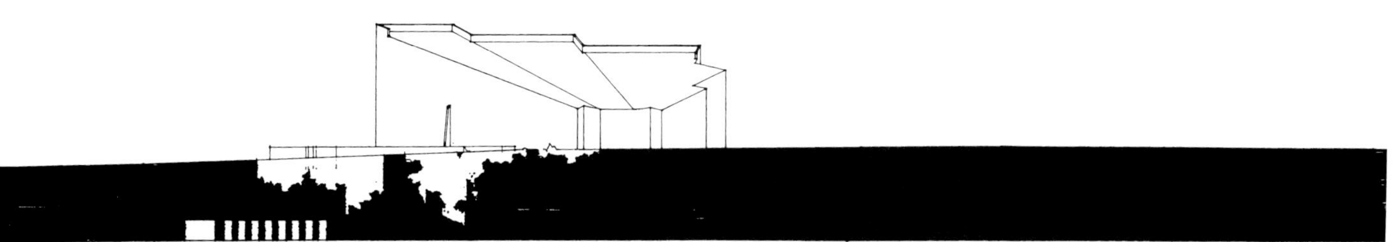

纵向立面图：光滑的白色立方体建筑意在与堡垒古老的、风蚀的石材构成对比

塞伊奈约基图书馆

1963 年设计，1963—1965 年建造

塞伊奈约基图书馆（Library in Seinäjoki）是行政与文化中心的一部分。它空白墙面的那个立面构成了市政厅广场的南侧面。办公室和小会堂都包含在一个方形的体块中。在南侧一端坐落着扇形的图书馆大厅。其他的图书库和员工房间都位于地下层标高并装有窗户。墙面粉刷成白色，屋顶是铜质的。

行政与文化中心的部分实景：前景，图书馆；左侧，市政厅；背景，教堂及其钟塔

主图书馆区域的立面细部

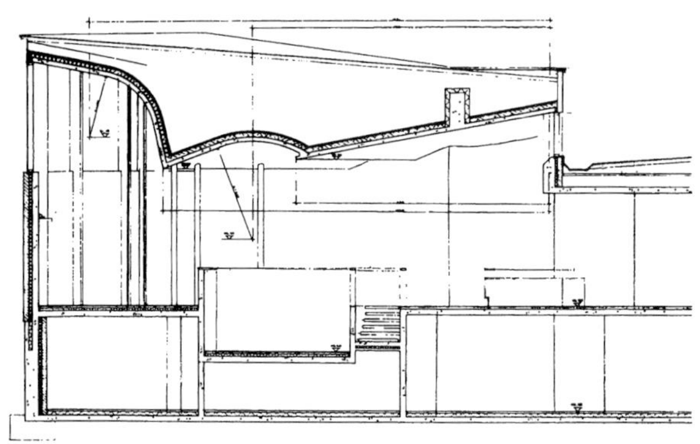

主图书馆和读书角落的细部剖面图：来自高处天窗的光线反射到架子上。地面就像公园一样，不同季节在室内投下各种各样不同的阴影

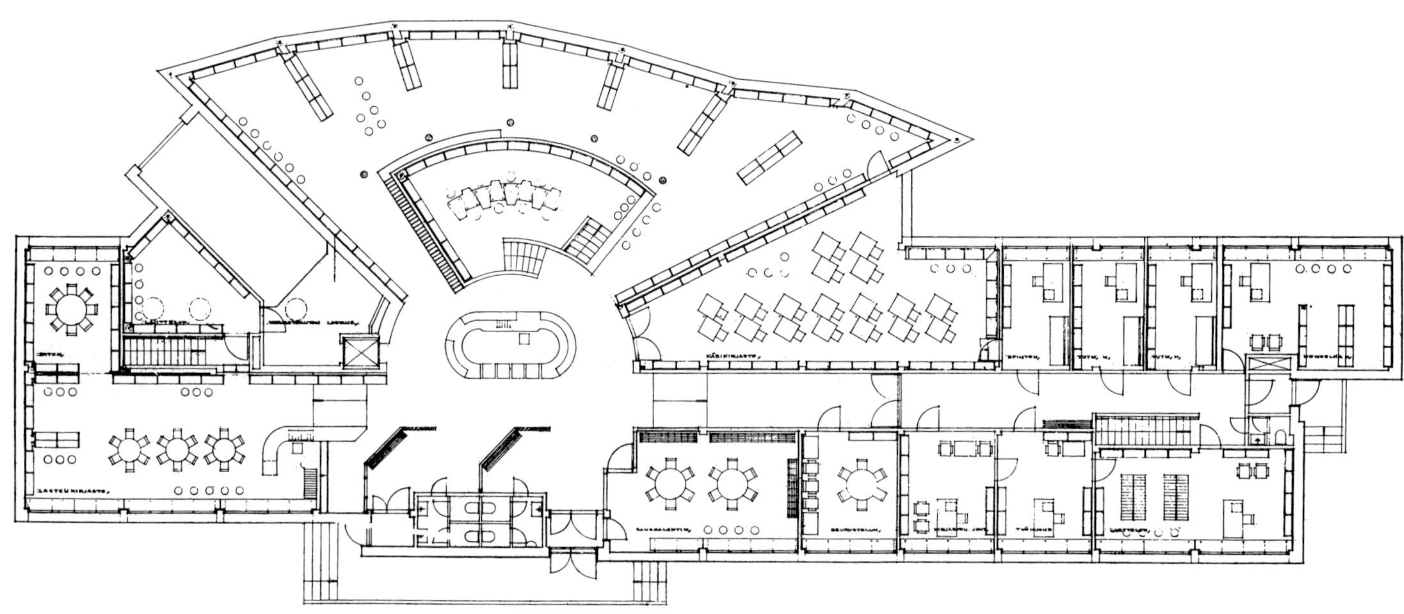

总平面图：衣帽间与卫生间都位于入口门厅中。左侧是青年图书馆，其中包括借还处和一个小的工作与讨论区域。楼梯向下到达地下室标高的档案室，旁边是图书馆货车的车道，用于向周围的村庄运送图书。主图书馆被设想成参考书图书馆，而且因为这个原因主管办公席和借还处都坐落在扇形布局狭窄的瓶颈处。小阅览室是下沉的，它在视野上与主要区域分离而且易于管理。字典与课本部分紧邻研究与项目用房以及行政管理区域，而且可以从入口休息厅、卡片档案与一个会议室直接进入

从下沉阅览室看向管理台和借还处。字典与课本部分和行政管理区域的入口。远处背景，卡片档案

入口的立面是实墙面形式。从城镇规划的角度来看，这样设计是为了不与对面的市政厅相冲突，市政厅的表面是明亮的蓝色瓷砖。因为这个原因，这个立面仅仅保留了空间功能所必需的形式

看向主房间。在室内，所有的墙和天花板都被刷成白色。地板和家具采用朴素的木材

日出的阳光投射在主图书馆区域形成水平排列的阴影。左侧，停车场

奥塔涅米工学院图书馆

1964 年设计，1965—1969 年建造

奥塔涅米工学院（Institute of Technology in Otaniemi）的图书馆是以这样一种方式组织的，即学生可以随意进入所有的房间。它被定位成一座大的参考书目图书馆，可以随意选择阅览流通于图书馆中的书目。在入口层平面，紧邻大书库的是多功能房间，如用于研究、研讨会和报告的房间，用于打字和复印的房间，以及听录音的小房间等。在一层平面上有借还处、不同的阅览室和行政管理房间。

入口门厅和衣帽间

从道路和停车区域看向主入口。外立面用了与主建筑相同的建造材料，即粗糙的红砖。基座部分是灰色的芬兰花岗岩。所有的薄金属构件都是铜质的

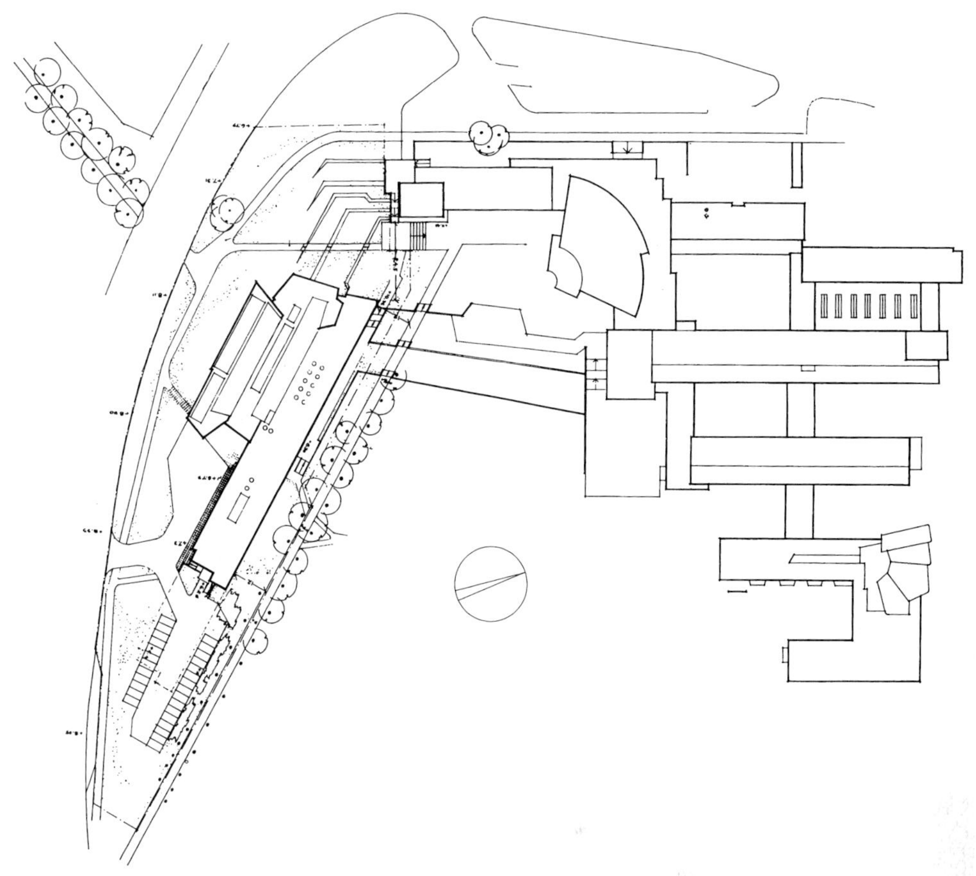

总平面图：图书馆的位置平行于古老的林荫道，这条道路以前导向一块大的地产的主要建筑。图书馆与工学院的主要建筑紧密相连，并在一座大的公园的第三条边上结束。最主要的入口可以经由安静的步行区域到达，第二主入口由道路与停车区域进入。大的玻璃立面和天窗都面向安静的公园。图书馆的建造完成了包括主观众厅和行政办公楼在内的综合建筑群，构成了已建成 22 年的奥塔涅米工学院规划的核心

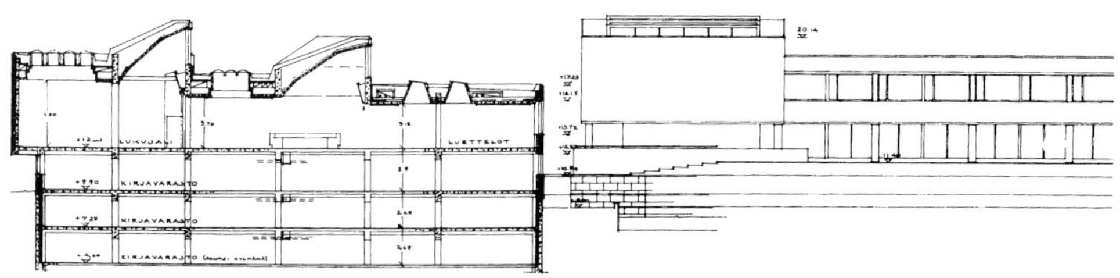

阅览室与地下室的横向剖面图

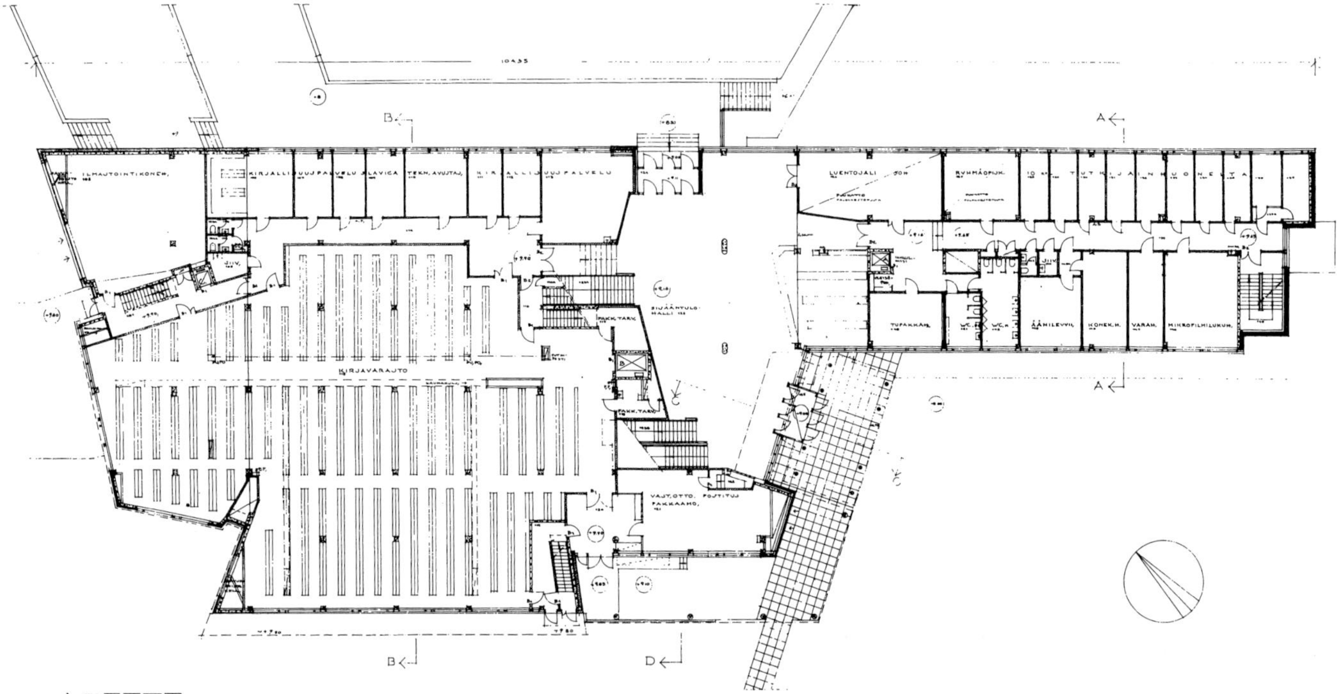

入口层平面图

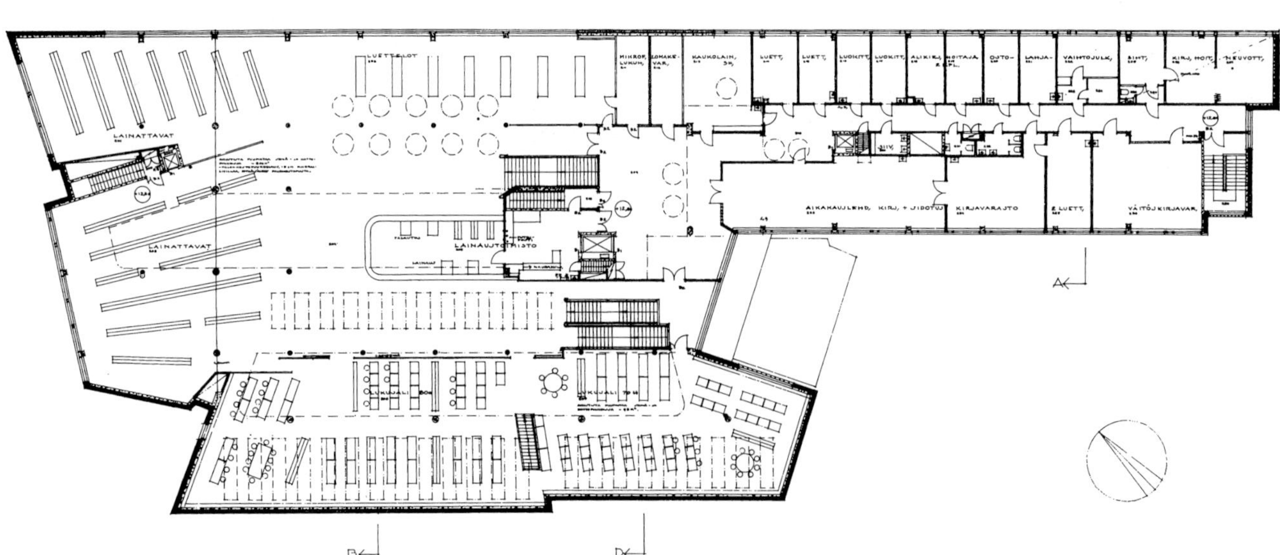

一层平面图

公园与林荫道一侧的立面实景：背景是工学院主行政办公楼

主阅览室内有通向主书库的楼梯

借还处以及大阅览室实景

天使山班尼第科部恩学院图书馆

1965—1966 年设计，1967—1970 年建造

位于美国俄勒冈州的天使山班尼第科部恩学院图书馆（Library of Mount Angel Benedictine College）坐落于校园的中心。在前面仅可以看到一层的附属建筑，真正的图书馆位于陡峭的斜坡中。新建的图书馆的这种布局方式，没有破坏基地原有的性格特征。

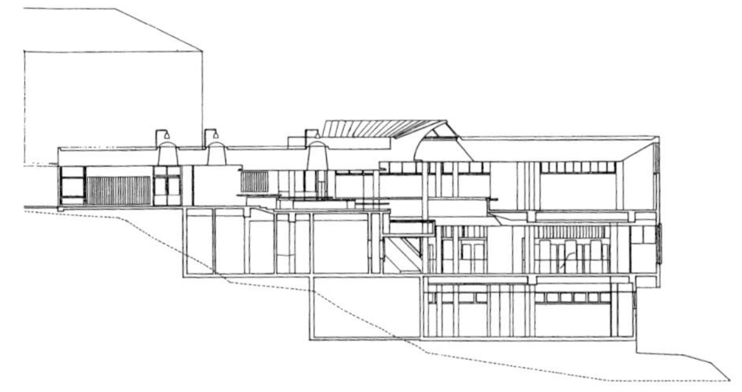

横向剖面图：图书馆内部遵循基地的等高线建造。阅览廊建在不同的标高上构成了建筑的核心。阅览廊通过大的条状天窗获得自然采光

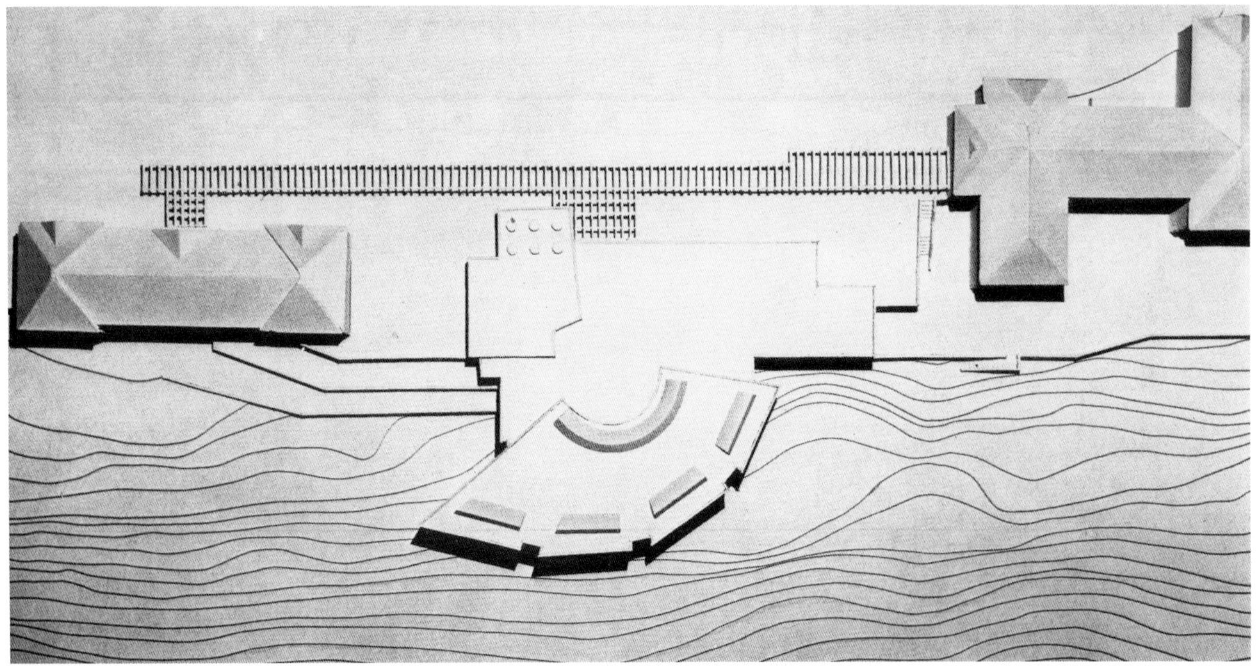

基地模型

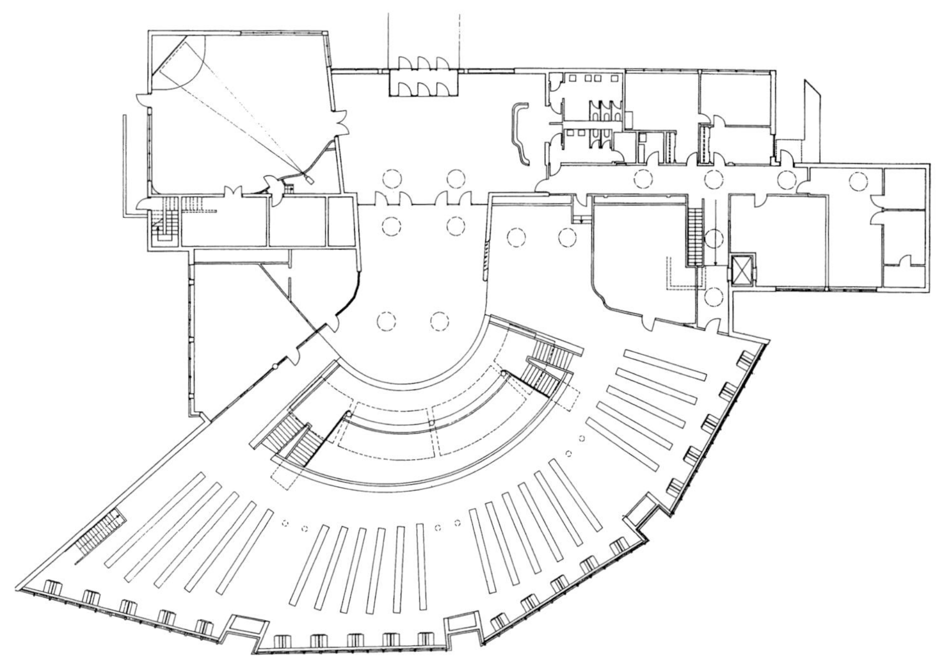

地下一层平面图：学习室位于图书馆大厅的外墙

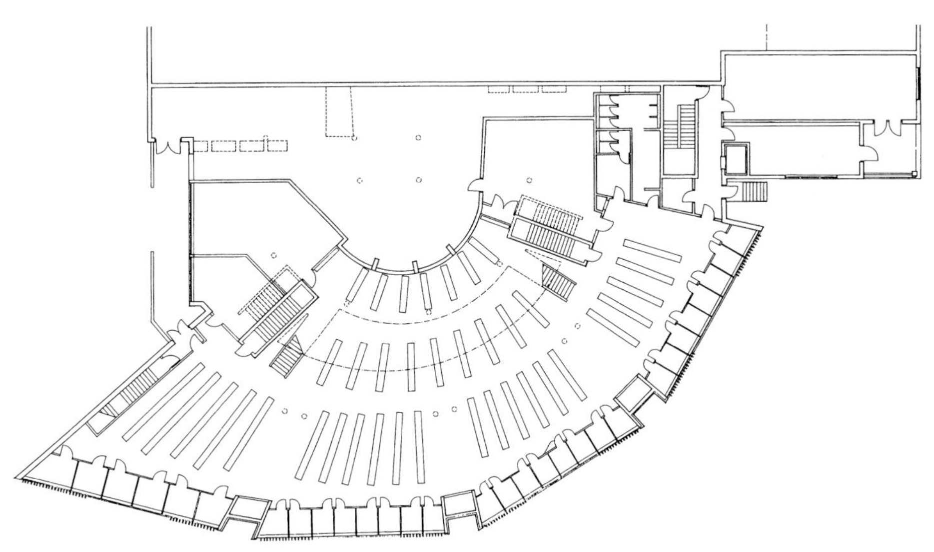

入口层平面图：在一层高的门厅区域有多功能间、行政管理用房和报告厅。此外这座图书馆是一座大的参考书图书馆。书架都面向阅读廊

侧面实景：立面是黄色的粗糙砖墙，地下室部分是粉刷成深色的混凝土框架，薄的金属制品是铜质的，窗框与木构件是深的天然木色

看向建造在陡峭斜坡地形中的图书馆区域

带阅览廊的中心区域实景

罗瓦涅米图书馆

1963 年设计，1965—1968 年建造

罗瓦涅米图书馆（Library in Rovaniemi）是规划的行政文化中心的第一栋建筑。它的空间布局是多样化的，而且它的功能是作为芬兰拉普兰（Lapland）地区的中央图书馆。

主要的区域朝向安静的中央广场，向北面采光。这个区域包括儿童图书馆、青年图书馆和成人图书馆以及拉普兰地区收藏和阅览室。在主要标高层上还包含以下房间：工作与研究室、会议与小的阅览室、带自助餐厅的行政办公用房、流动图书馆、小的幼儿园、居住单元、报告与放映室和北极鸟类收藏馆（是芬兰这一类博物馆中最全面的）。音乐图书馆和地质博物馆在地下层平面上。

博物馆区域的设计保证了它们可以在需要的时候功能的转换，以满足图书馆的使用需求。

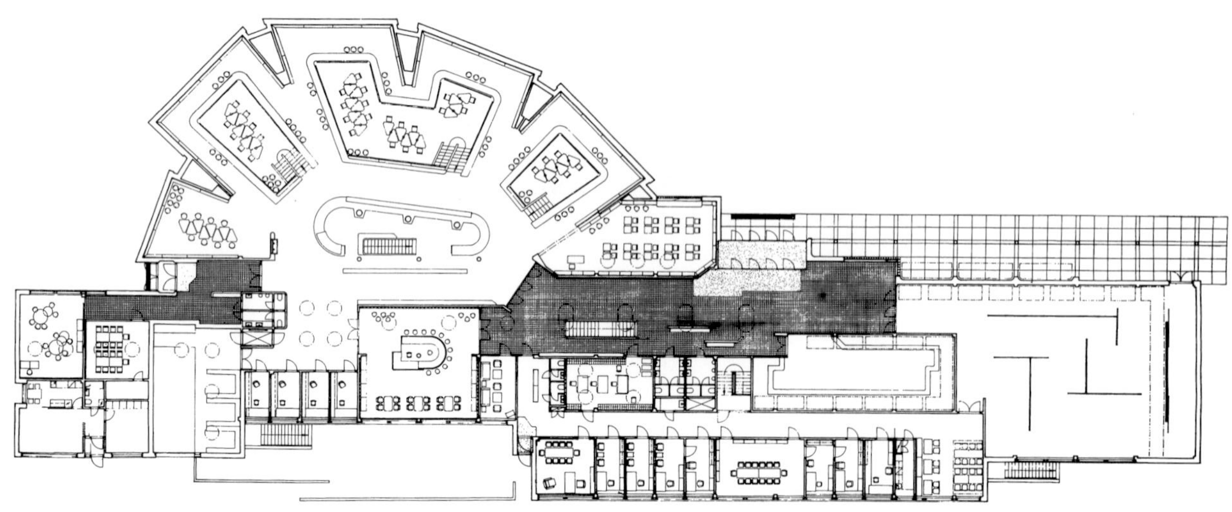

平面图

主入口立面实景：主要区域呈发散状布局。立面的大多数部分都覆以白色瓷砖，而一部分是白色粉刷。基座部分是花岗岩，屋顶表面覆盖着铜板

立面细部

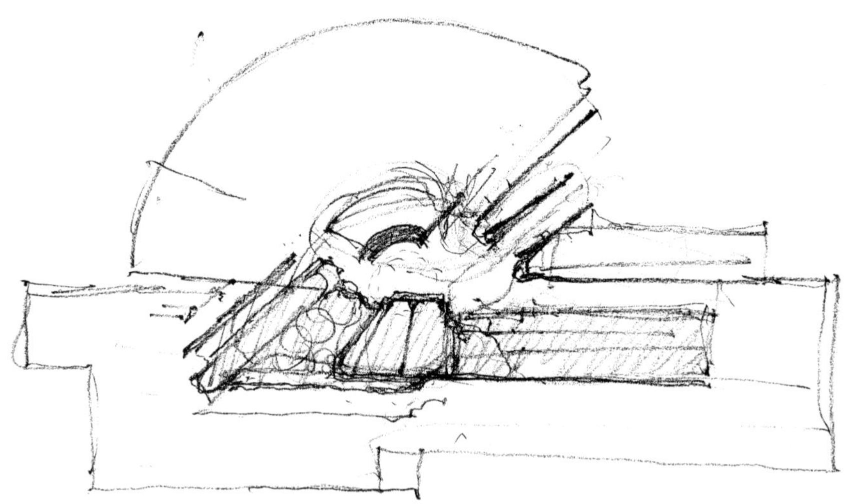

表现概念的粗略平面草图

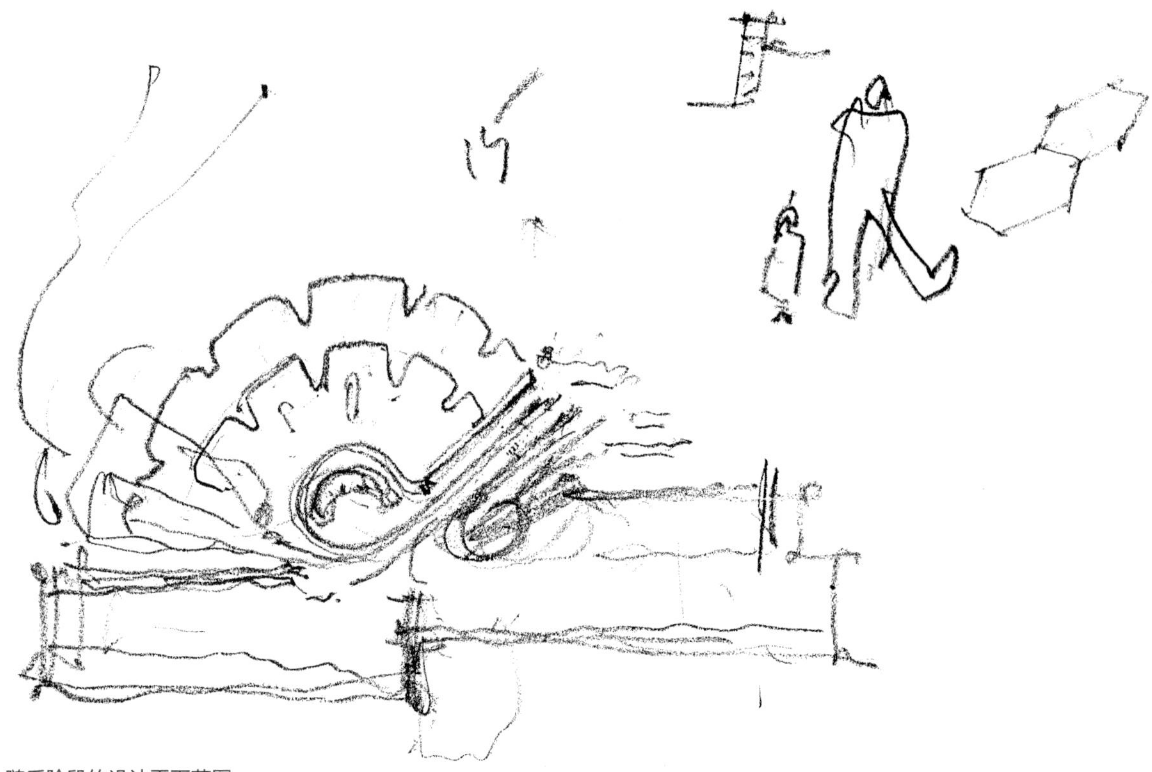

随后阶段的设计平面草图

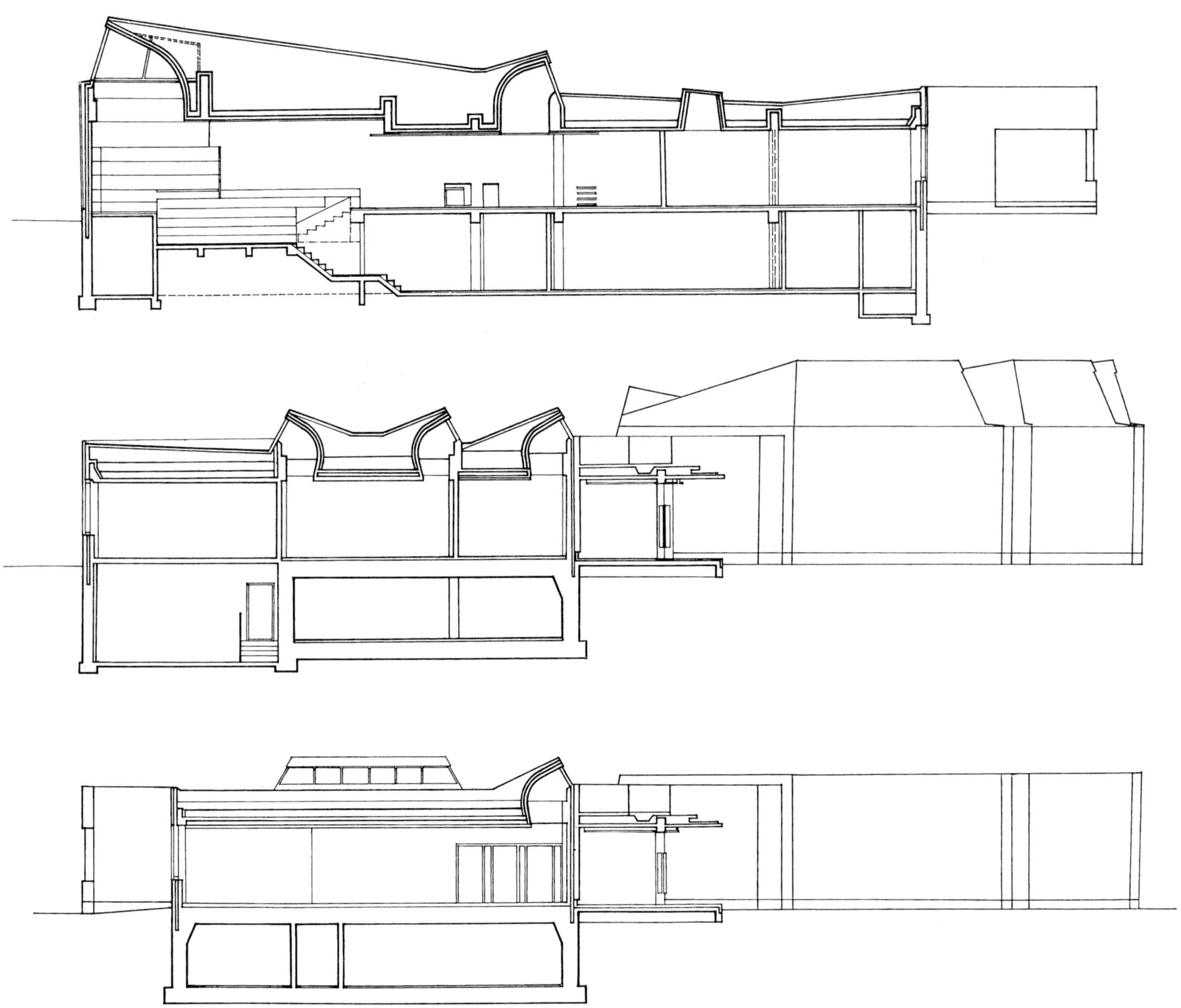

剖面图：主建筑的采光是利用特别建造的天窗。低角度的阳光投射必须被消除，但另一方面照明需要尽可能强烈的光线。这种布局意味着需要控制光线大部分投射在书架上

通向主入口的道路

主图书馆中阅览室的桌子排布。梯形的桌子节省了空间，在这里工作和阅读可以免受打扰，而且给每个人都提供了可以展开书的足够空间

主图书馆中借还处实景

主图书馆各个角度的场景：参考书的书架放置在主楼层，位于扇形凸起的外墙上。非外借的图书和收藏的版本都被保存在下沉阅览室中。整个区域从位于中央的借还处都可以方便地观察到

图书馆内部实景

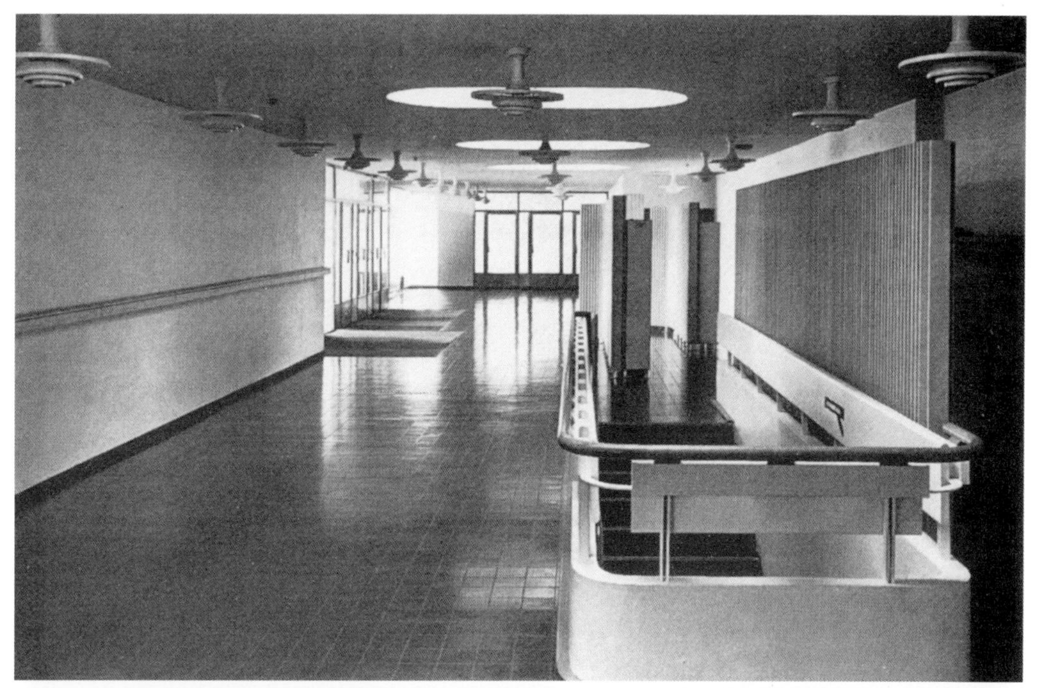

入口门厅：有楼梯通向音乐图书馆和地质博物馆

于韦斯屈莱芬兰中部博物馆

1959 年设计，1960—1962 年实施

这座于韦斯屈莱芬兰中部博物馆（Central Finnish Museum at Jyväskylä）规模很小，有着谦逊的理念。其设计用于特殊的巡回展览，还有容纳芬兰中部民间的收藏。博物馆坐落于一个树木繁茂的山坡上。在设计这座建筑的时候特别注意了不破坏树木。墙体在室外与室内大部分都采用粉刷形式。所有的粉刷表面、混凝土框架部分和木材表面都漆成了白色。

侧入口的室外场景

室外场景：所有的墙都是白色，屋顶的檐口是铜皮

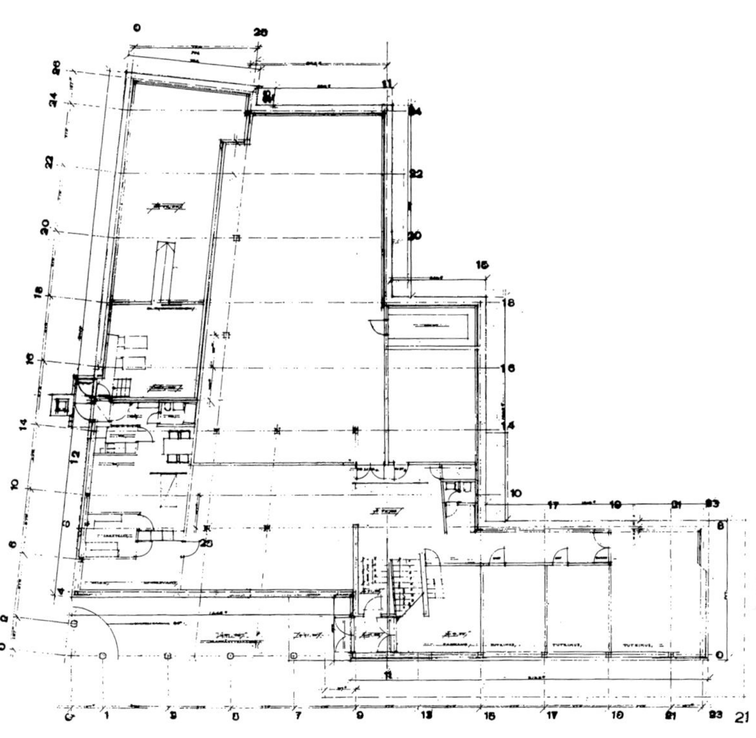

地下室层平面图：一部分嵌入斜坡里，有行政管理办公室和收藏间的入口

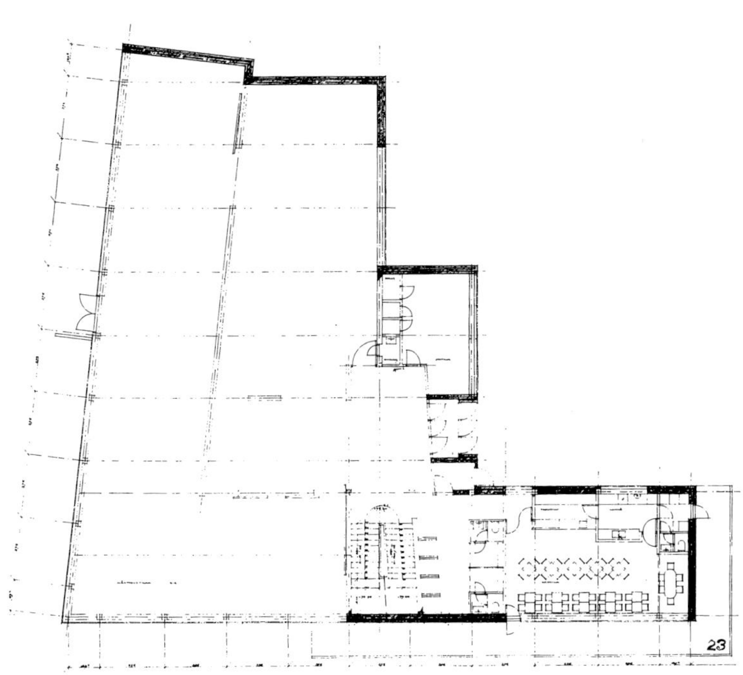

主层平面图：包含大的展厅和自助餐厅

大展览厅的场景：自然采光可以调节，这样可以在室内产生不同的高光与深度的效果。在低处部分，天窗和侧窗可以结合在一起。空间可以根据需要再次划分，这是通过可移动的墙构件（圆的或有棱角的）来实现的

设拉子艺术博物馆

1970 年设计

伊朗的设拉子艺术博物馆（Art Museum in Shiraz）坐落于城市外部的小山上，临近新建的大学综合建筑群。博物馆在市中心清晰可见，从一片深绿褐色的群山背景中凸显出来。

山地通过人工供水系统浇灌，将会在其上种植植物，并将会发展成为一个有休闲与文化设施的公园。

在规划中博物馆的定位是一座“美术博物馆”，然而，它可以再划分成单独的部分，因此可以成为独立的展室。从主入口可以清晰地浏览整个博物馆。在这里没有规定的顺序，这样博物馆可以用于所有类型的展览。雕塑花园一部分是有顶的，并且构成了公园的一部分。

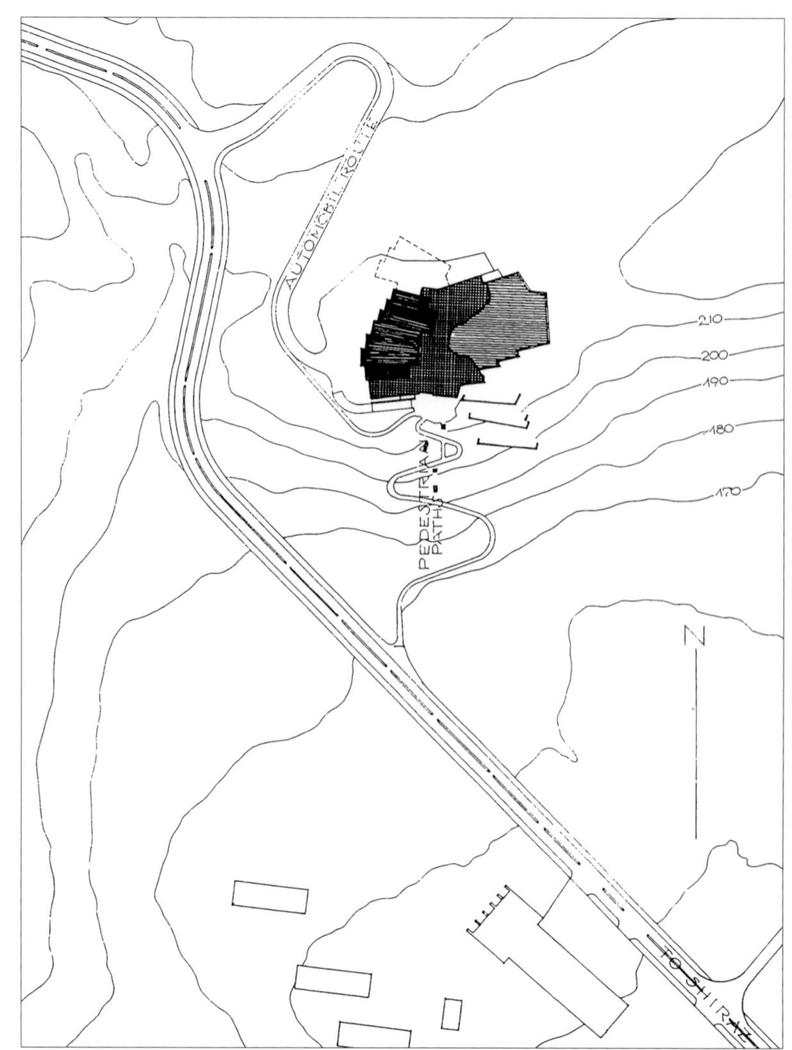

基地交通平面图

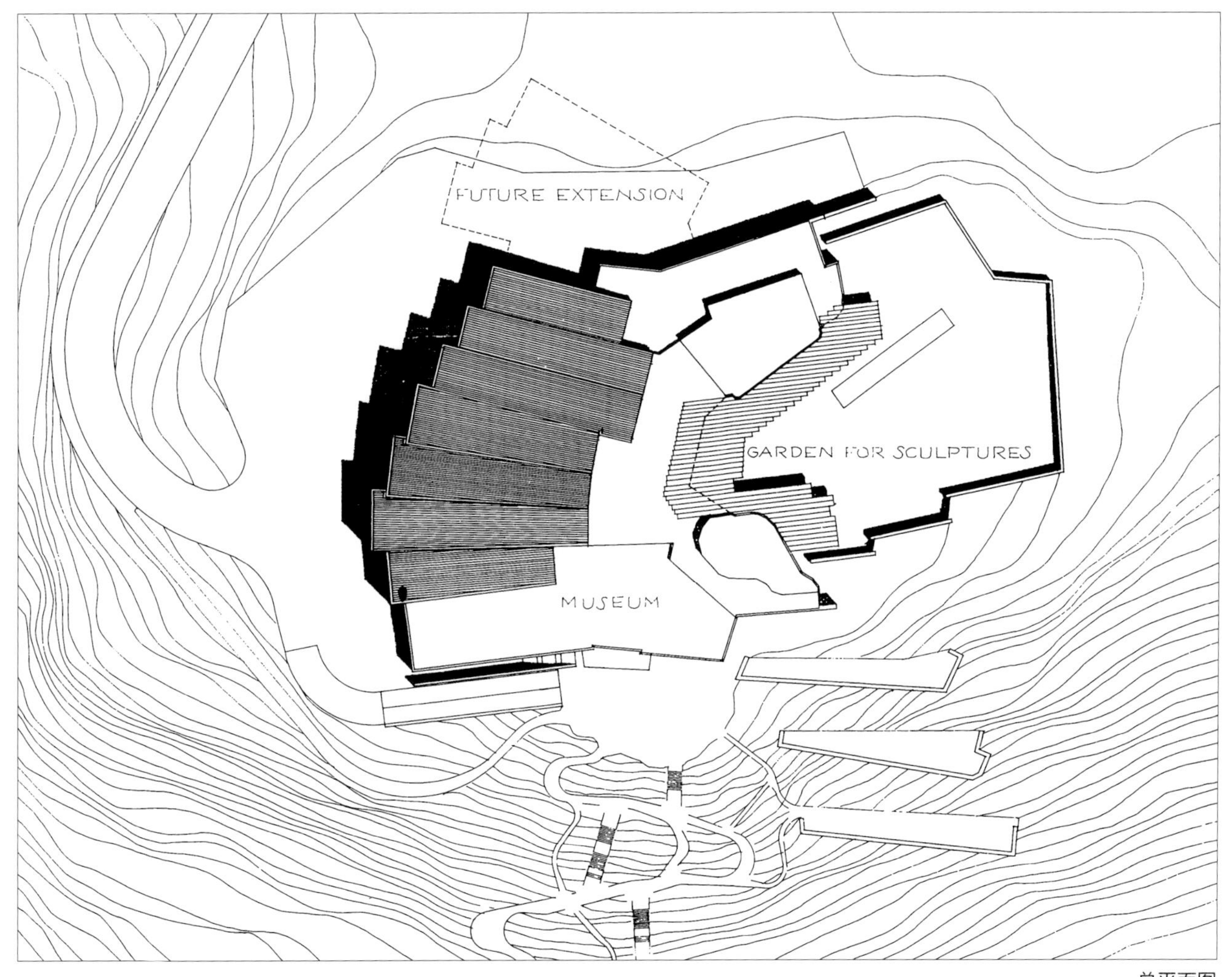

总平面图

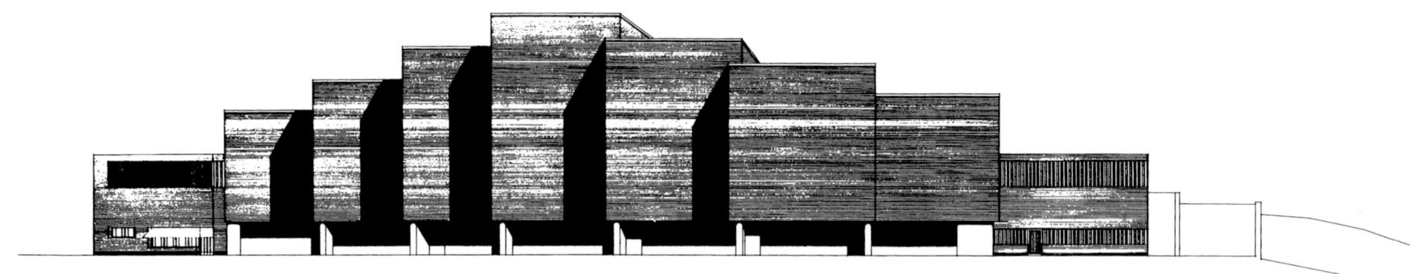

相互连接在一起的博物馆区域的外立面图

模型：从城市中看到的景象

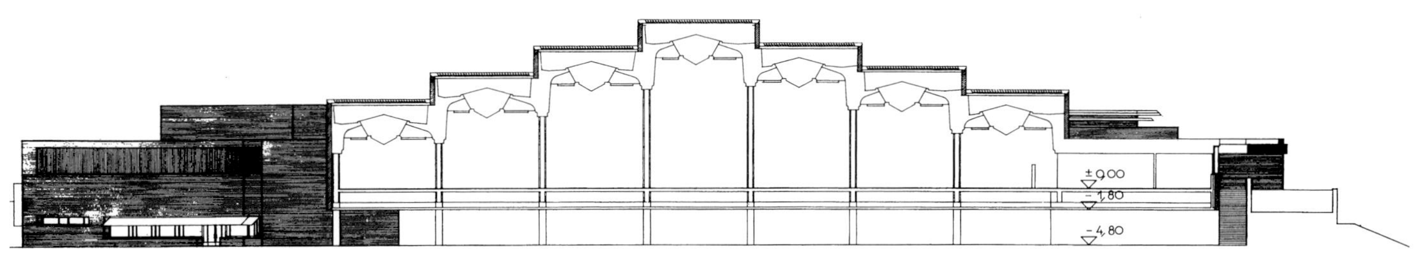

博物馆区域剖面图：屋顶表面是玻璃的，条状的特殊反射板遮挡住了直射的阳光，人工照明也是相同的光源带来的效果

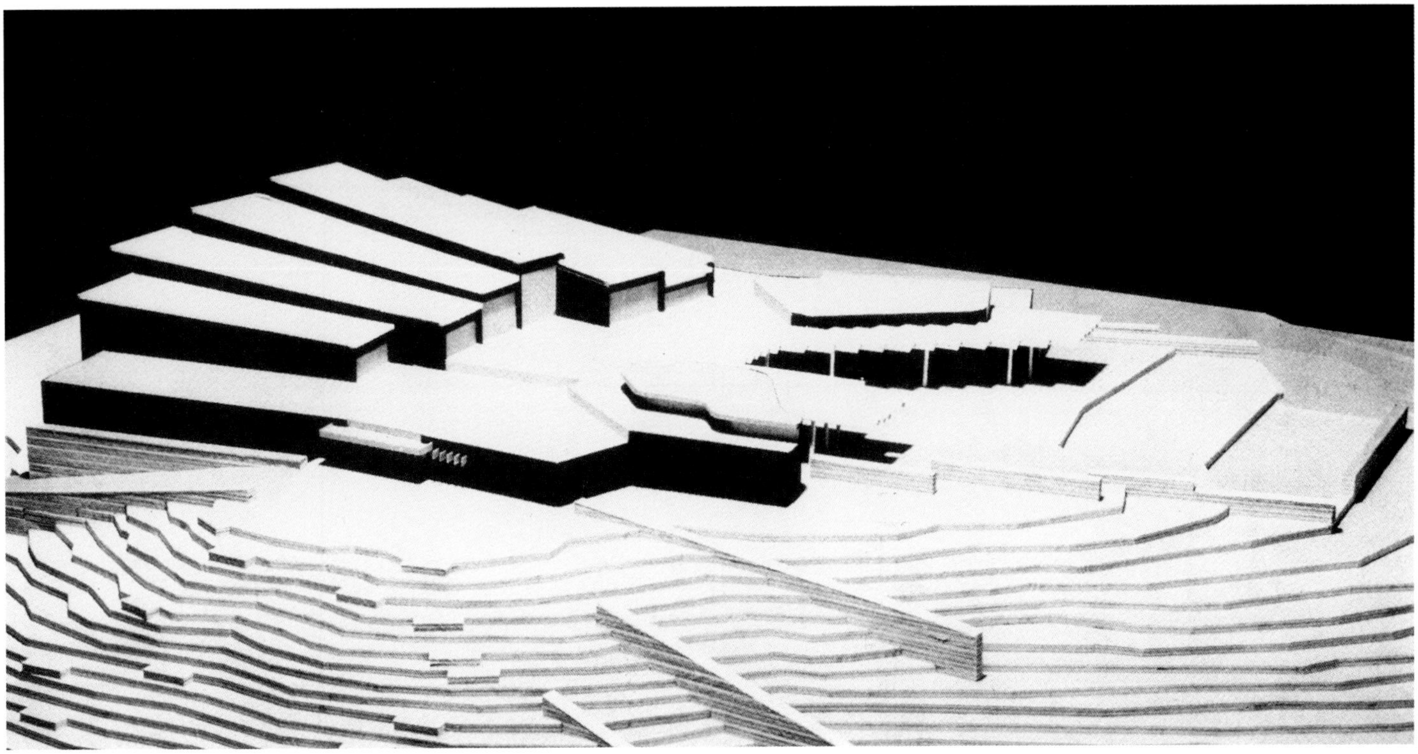

模型俯视图

天窗的设计草图

带基地的原始草图

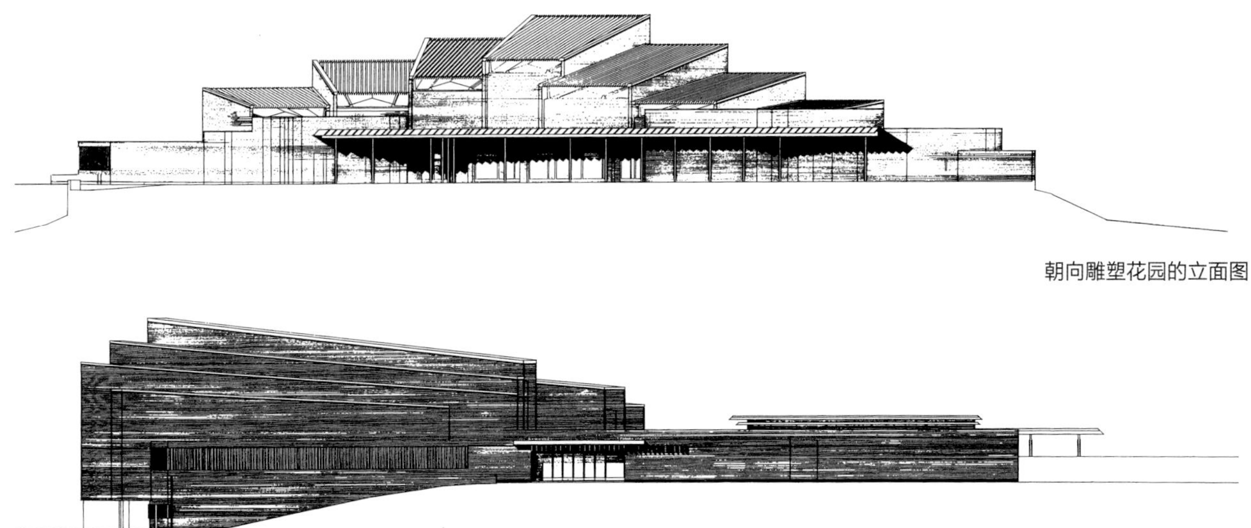

朝向雕塑花园的立面图

主入口立面图

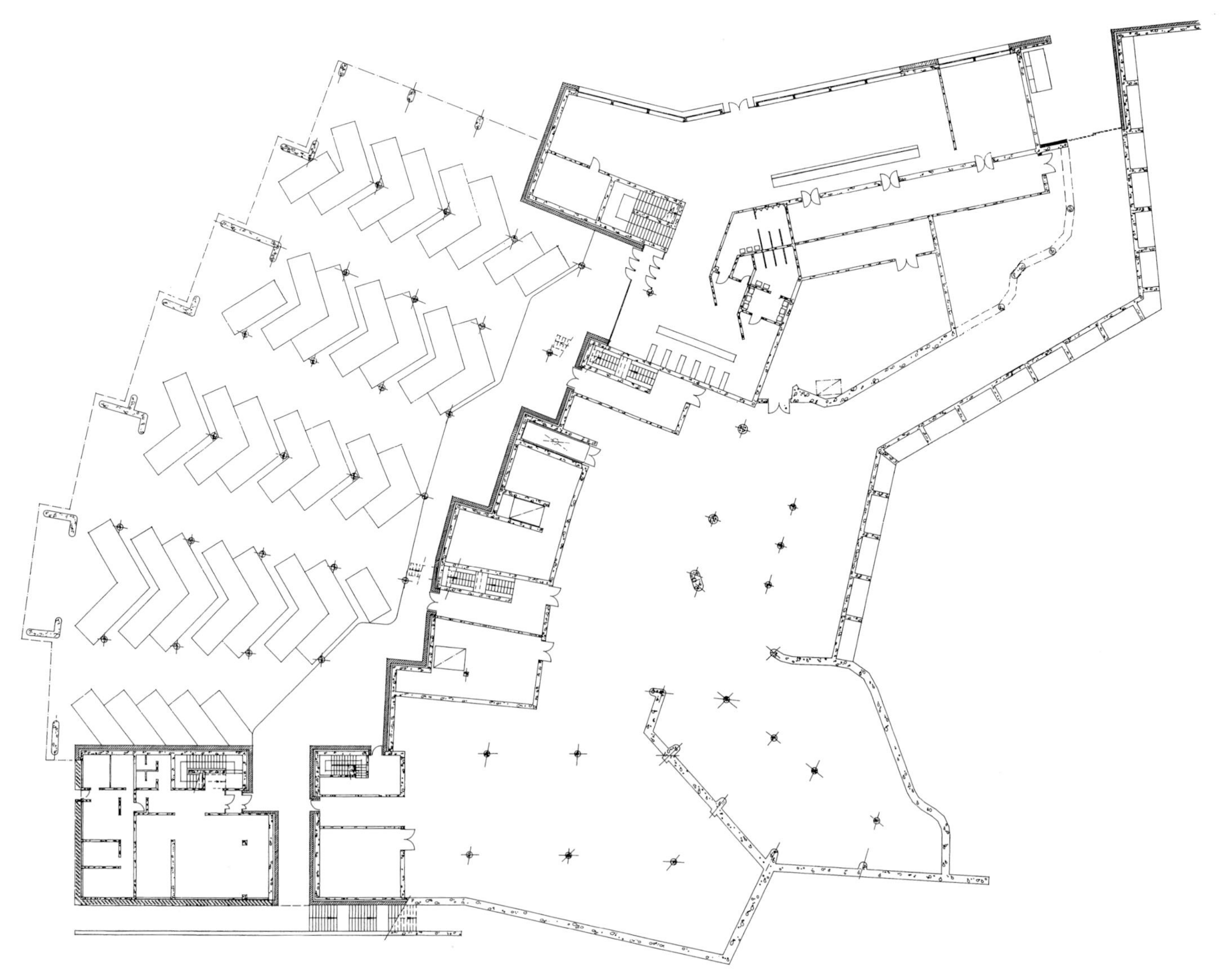

地下标高层平面图：包括带顶的停车场、货物入口，还有储藏室、工作室以及餐厅

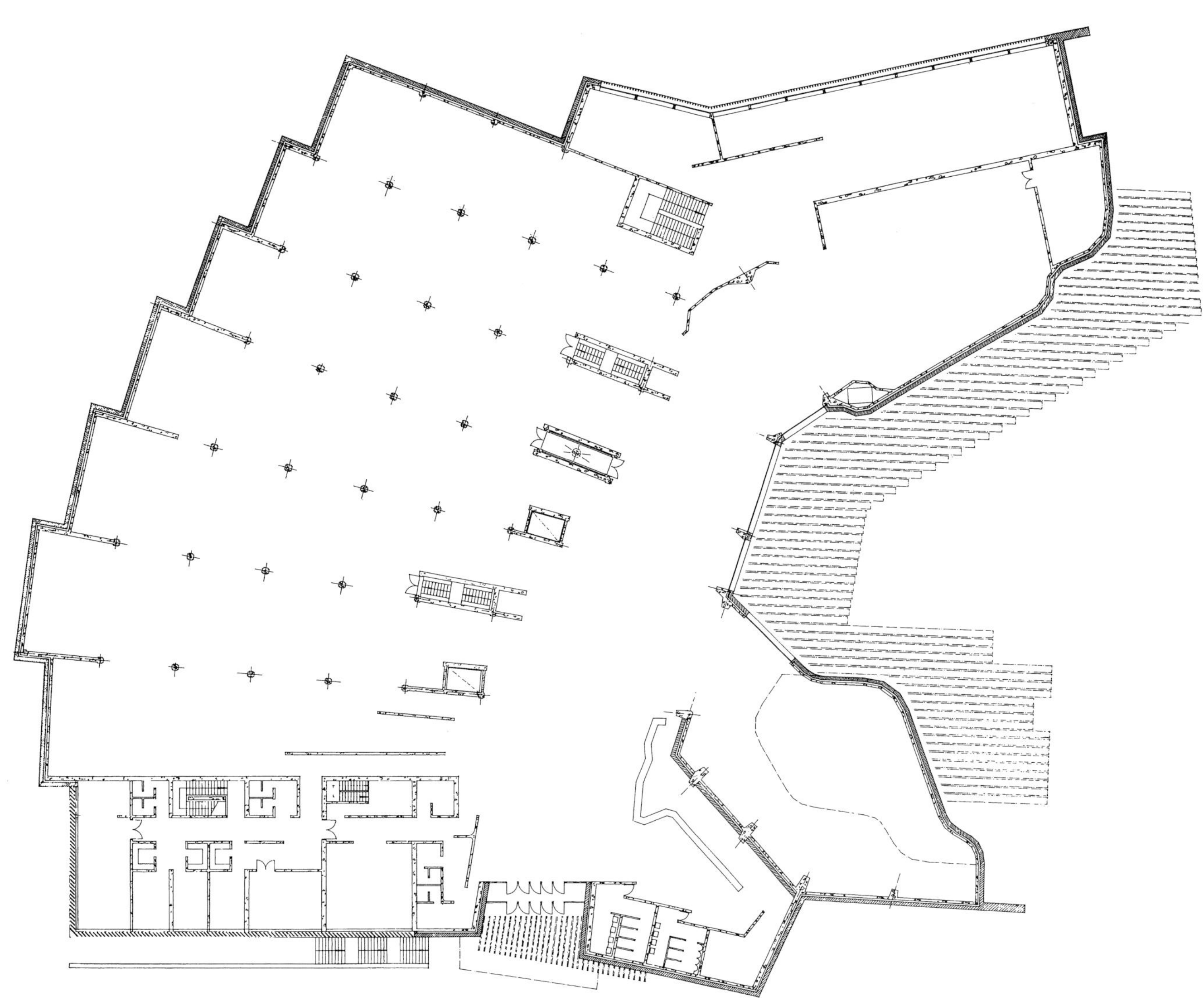

主标高层平面图：包括可灵活分割的博物馆区域、行政管理用房、报告厅和特殊展厅

塞伊奈约基教堂与教区中心

教堂：1952 年竞赛，1958—1960 年实施

教区中心：1963 年设计，1964—1966 年实施

塞伊奈约基教堂与教区中心（Church and Parish Centre in Seinäjoki）是芬兰中部与北部地区主教管辖的大教堂。钟塔是塞伊奈约基的地标，同时也是瞭望城镇周围的海面、农田和森林所需要的瞭望塔。教区中心围合了一个四边形的庭院，庭院被抬升起来与教堂在不同的标高上。教堂广场用于户外礼拜和大型的节日庆典。教区中心的一部分屋顶转化成屋顶平台。

连接教区中心和教堂的楼梯间

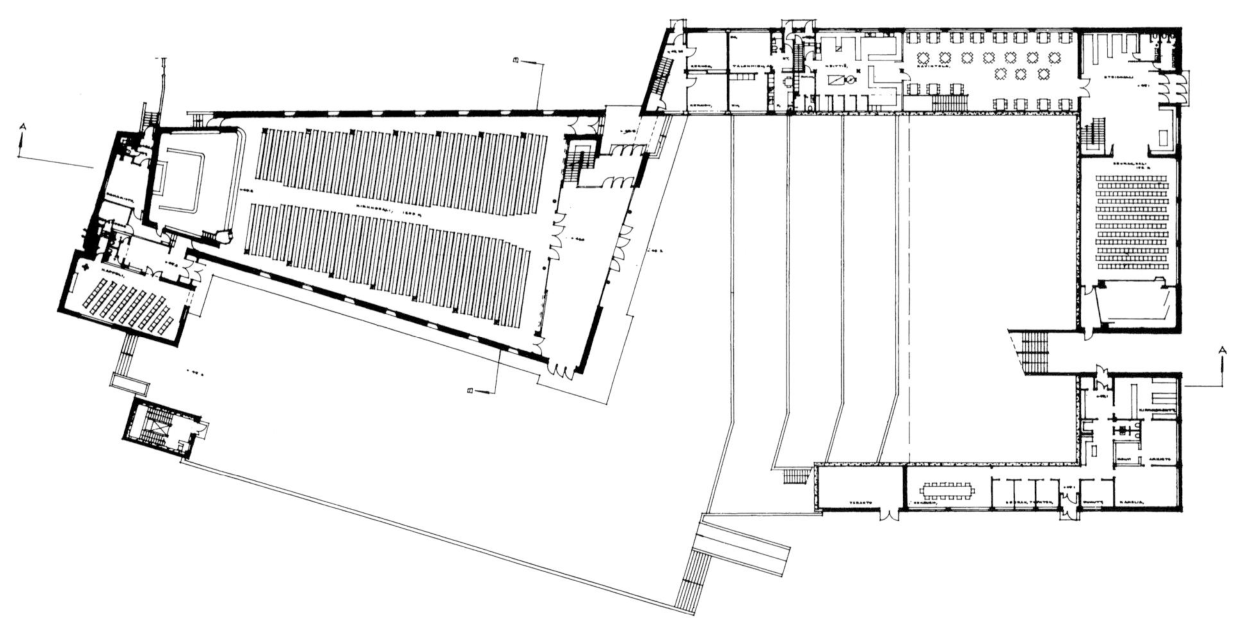

平面图：教堂轴向排布，有 1400 个座位。紧邻唱诗班的是一个用于洗礼、婚礼和其他仪式的小礼拜堂。教区中心包括大宴会厅、餐厅、办公室、俱乐部、休闲室和报告室、音乐室、体能训练房和公寓

教堂与钟塔的侧立面

钟塔是塞伊奈约基的地标

教堂中心大殿细部

在市政厅广场看教堂和长老会

管风琴的外观就像一个雕塑

小教堂：有着明亮彩色玻璃的画窗

教堂中心大殿场景：上图，看向唱诗班。下图，看向圣坛和窗户

沃尔夫斯堡教区中心

1959 年设计，1960—1962 年建造

德国的沃尔夫斯堡教区中心（Parish Centre in Wolfsburg）位于居民区建筑群的中心，在一个位于当地道路最高点的绿地区域的边缘。它包含一组三个独立的建筑，即正式的教堂、用于广泛公共用途的会堂以及包括牧师住处、管理用房、各种俱乐部和青年设施的综合建筑。教堂和会堂围绕广场布置，形成了主要的建筑群。广场面向道路的一面是封闭的，开放式的独立钟塔坐落在那里，广场通过狭窄的通道与公园相连。

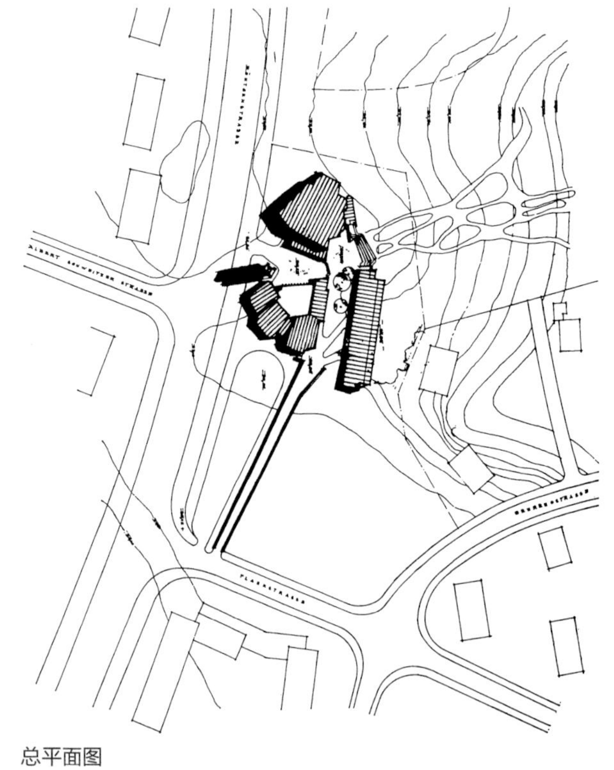

总平面图

开放式的独立钟塔建造成白色粉刷的混凝土框架，外墙是砖砌筑，白色粉刷，屋顶覆以铜表皮

钟塔

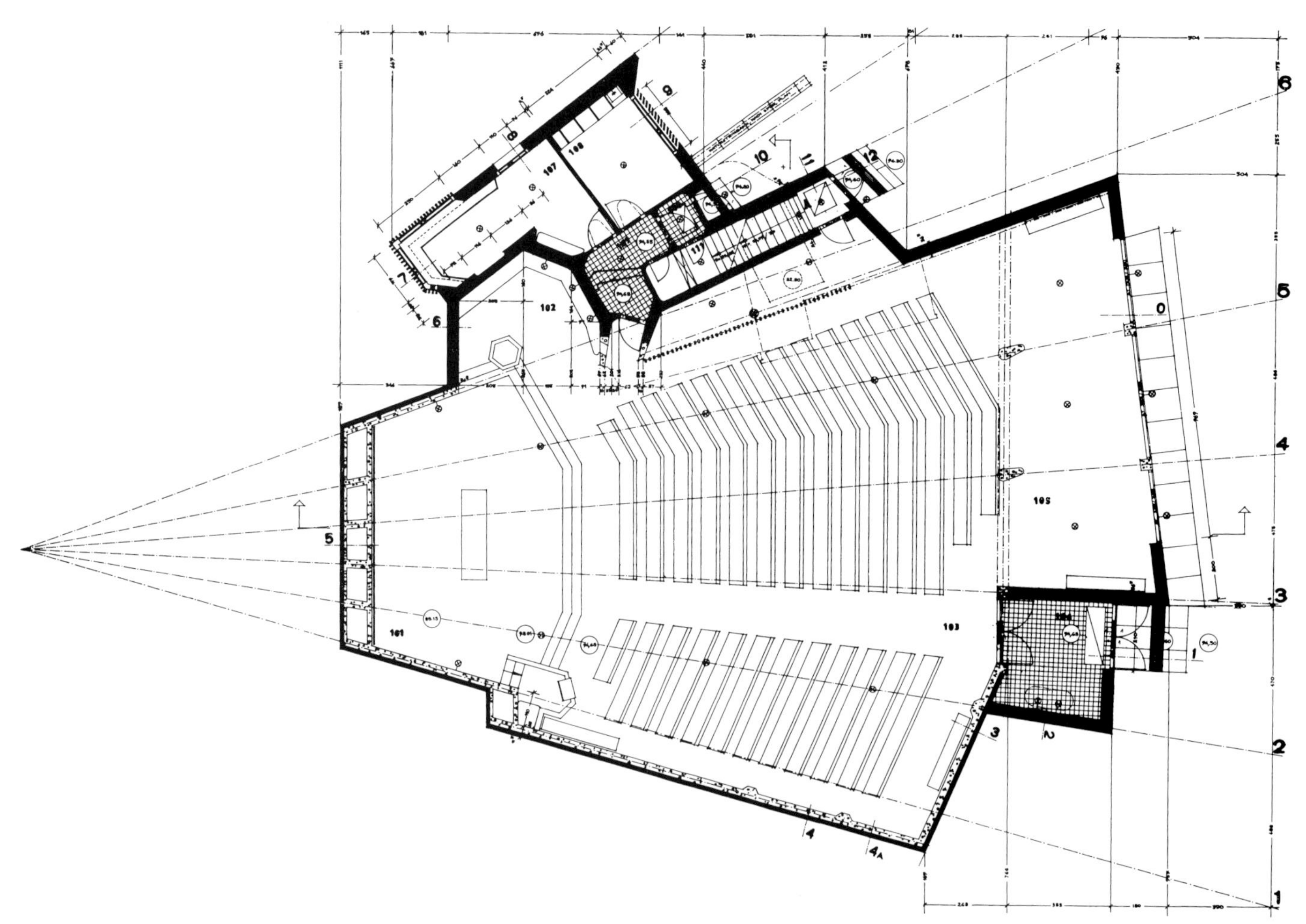

教堂平面图：外墙与屋顶结构的纵向端头都朝向位于平面之外的一个焦点。座席的排布是不对称的，侧面入口的出现仅仅是为了暗示一条新的轴线。唱诗班的提升装置在一侧是由讲道坛限定的，在另一侧由洗礼池限定。为洗礼池提供了壁龛，并通过天窗采光。唱诗班的楼座和管风琴在长向一侧升起，而且有独立的出入口通向室外

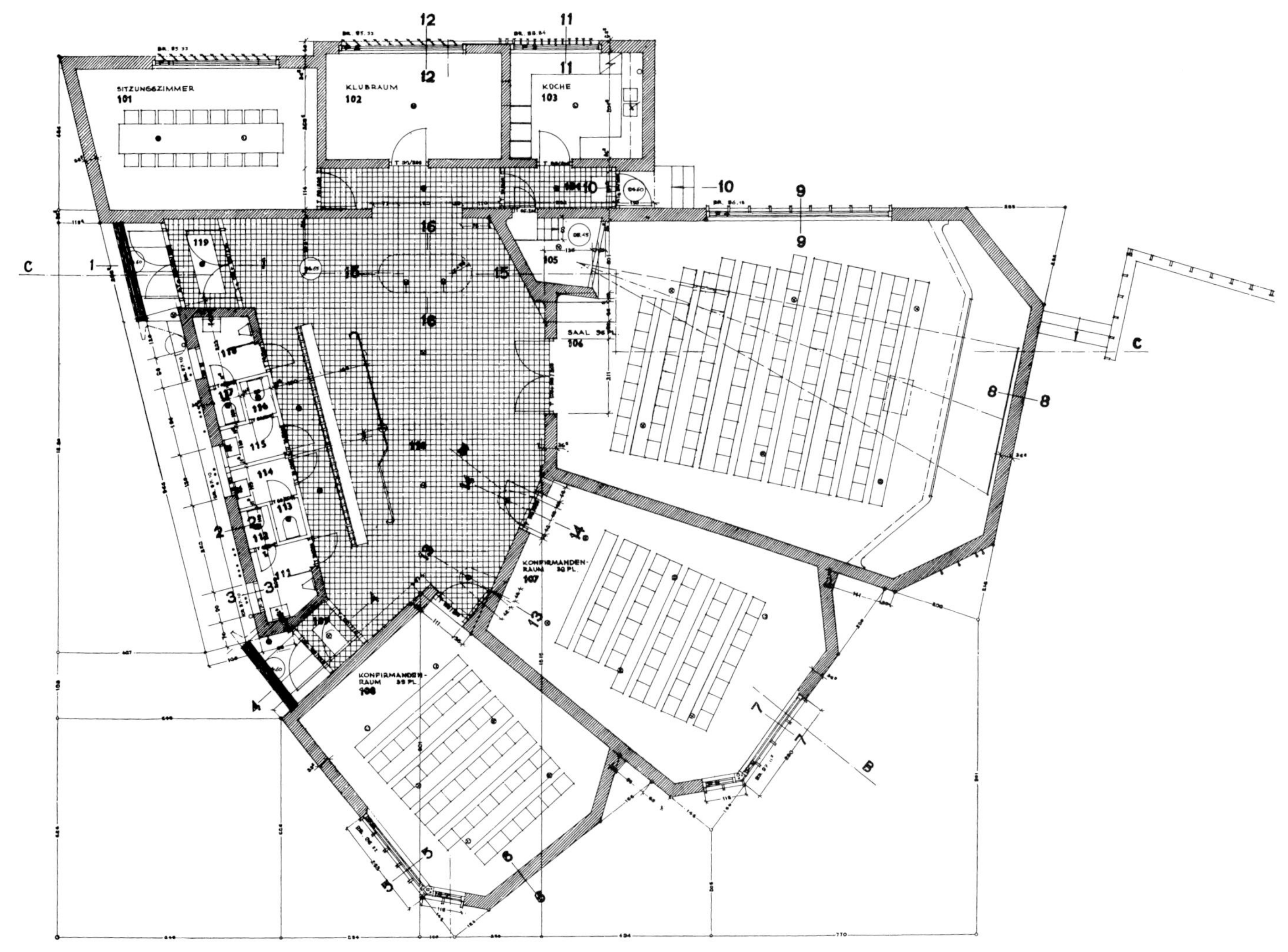

会堂平面图：各种大小的会堂围绕共同的休息厅周围布置，休息厅中有衣帽间和卫生间。最大的会堂是多功能的。会议室、俱乐部和厨房也可以经由独立的出入口进入

从侧入口看向圣坛和讲道坛：右侧是洗礼池的壁龛，室内的墙面被粉刷成白色，纵向端部之间的填充部分是天然原色的木材，唱诗班的地板是天然石材，而中央大殿的地板是红色瓷砖

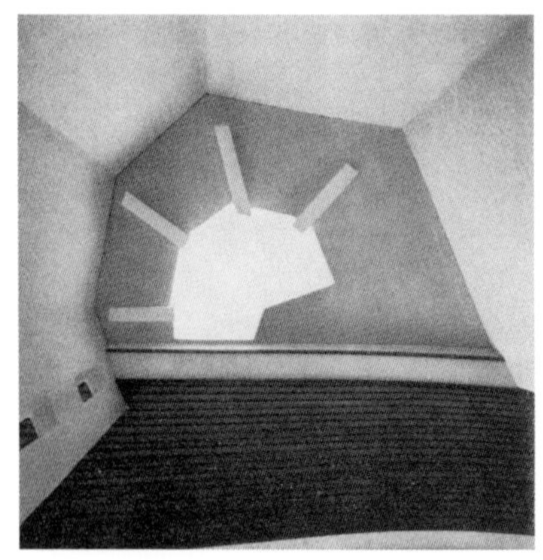

洗礼池壁龛的天窗采光

从洗礼池看向中央大殿和侧入口

左图，内部的窗户。右图，外部的窗户。一侧玻璃窗位于东北，这样可以获得倾斜的东向阳光。因为窗户很高，因此在室内没有直射光。另一侧玻璃窗也是抬升的，朝向西。低角度的傍晚阳光穿过中央大殿可以投射到唱诗班后面的墙面

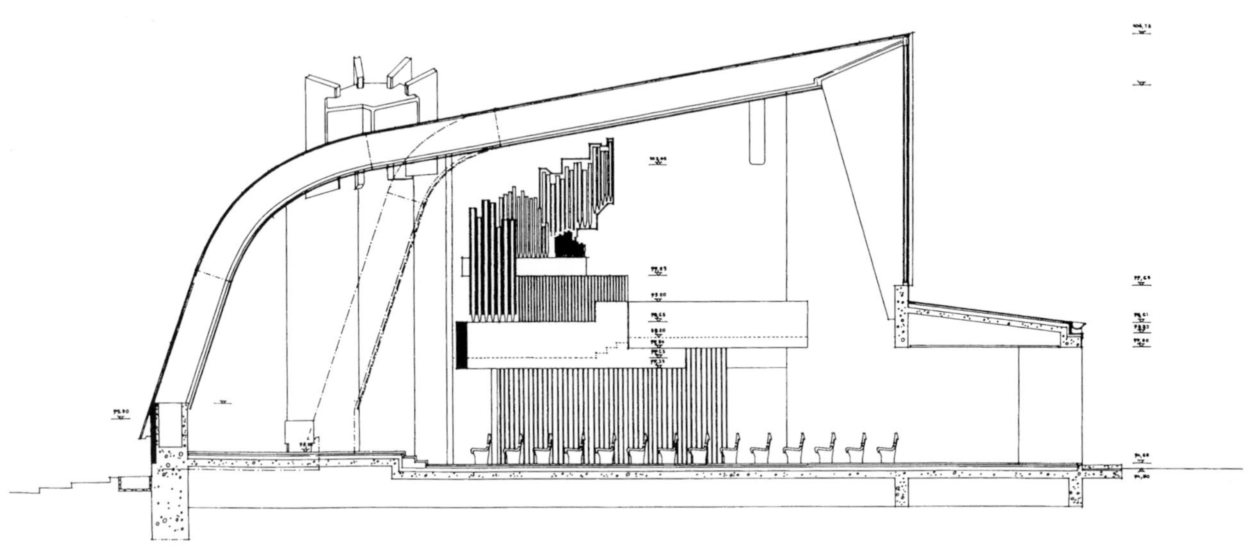

带唱诗班楼座和管风琴的纵向剖面图

从圣坛看向教堂室内：右侧，侧入口，它用于小规模的仪式。主入口用于重大活动和宗教节日

代特梅罗德教区中心

1963 年设计　1965~1968 年实施

代特梅罗德是德国的汽车中心，是沃尔夫斯堡最新的独立居住区。代特梅罗德教区中心（Parish Centre in Detmerode）坐落于一个住宅环绕的广场南侧，毗邻购物中心。其设计有一个带顶的拱廊，给教堂主要的中央大殿提供了直接的通道。

教堂可容纳 250 个座位，而且在德国的教堂中，空置的空间通常也可以用来安排座椅。这样就可以坐 600 余人。

教堂天花板的主题是直径大约 250 厘米穹顶状的木质声音反射装置。小礼拜堂位于地下层标高，在唱诗班之下。在钟塔设计中，用 12 根混凝土柱抵消了钟产生的动能。紧邻主教堂的综合建筑群包含小的教区会堂、两间举行坚信礼的房间、俱乐部以及牧师与助理牧师的公寓。

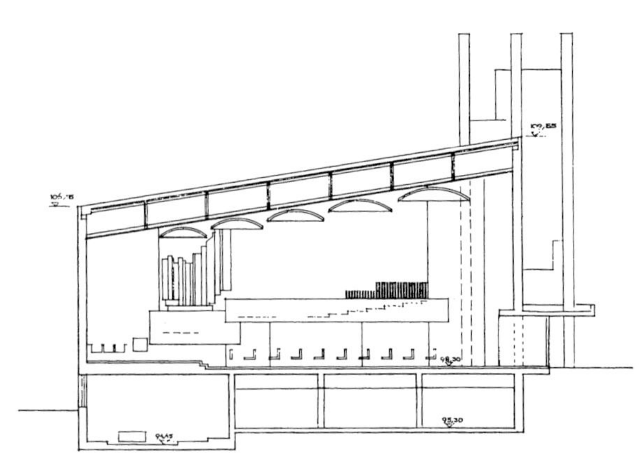

教堂与小礼拜堂的横向剖面图：看向管风琴和唱诗班的楼座，天花板上是木质的声音反射装置

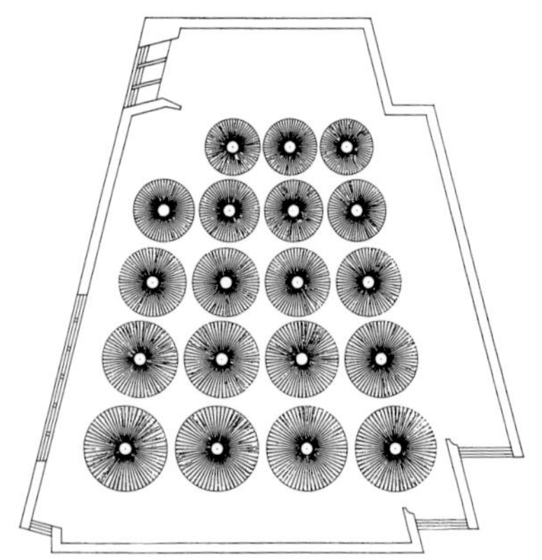

带有穹顶状的木质声音反射装置的天花板草图

带木质声音反射装置的天花板模型

室内模型

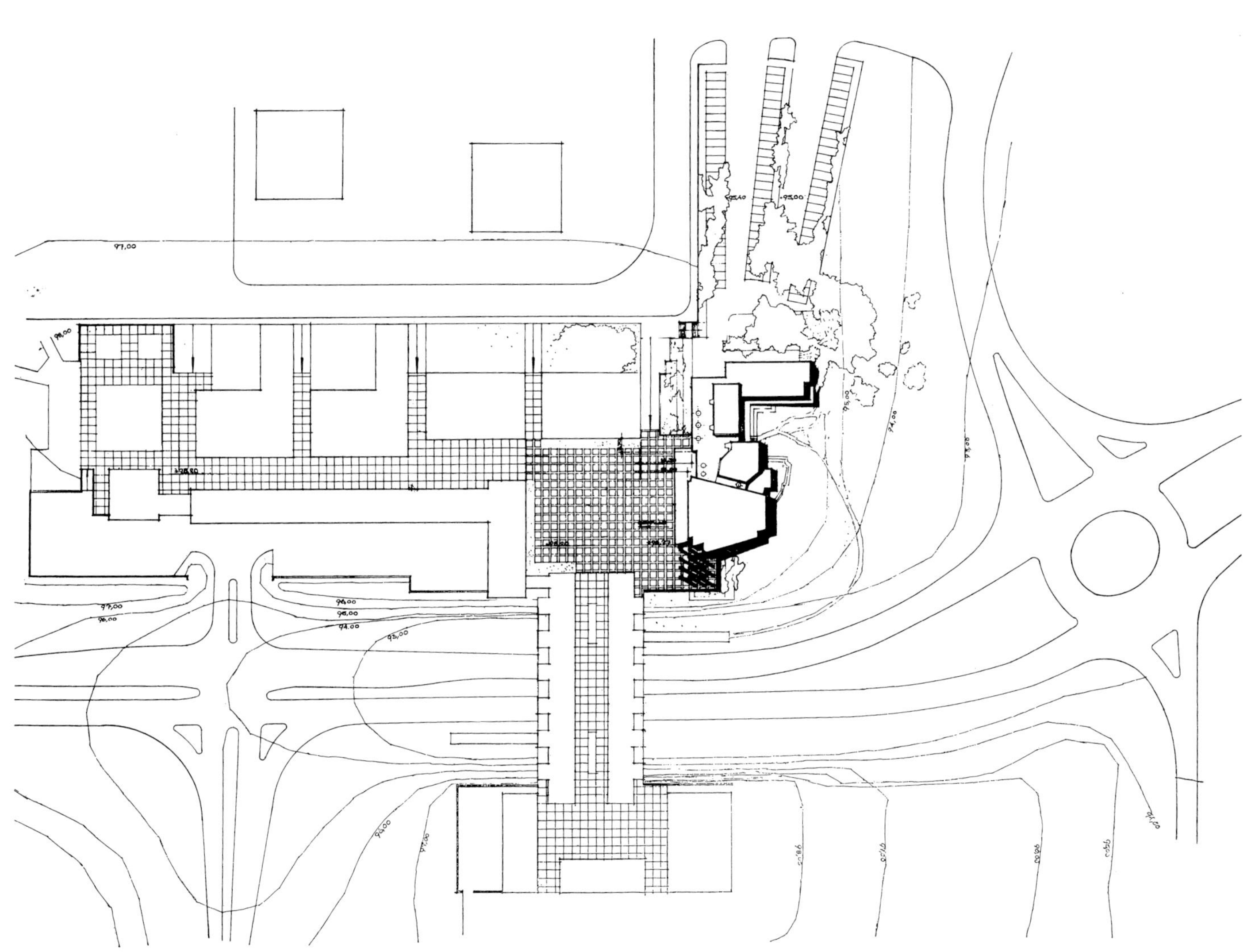

总平面图：教区中心坐落于两条商业街轴向的端点上，处于由此而形成的小广场当中。它的背立面面向一个重要的交通交叉口，这样它就成为城镇规划中的参考点，是一个自治的建筑实体

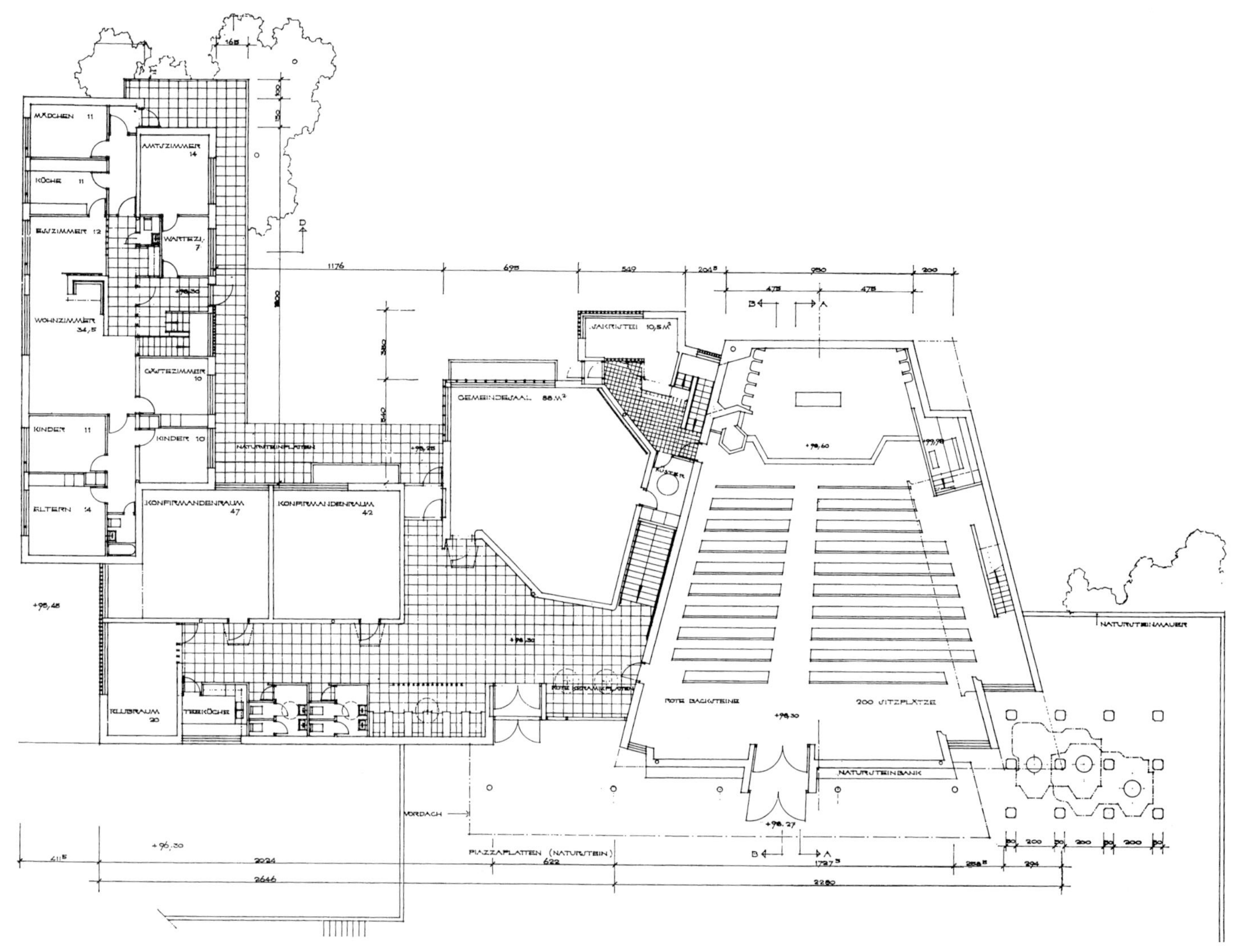

主标高层平面图：右侧，由混凝土柱子组成的钟塔。在这层有进入教堂内部的入口以及进入教区综合楼的有顶拱廊。教堂有意保持简单，这样就可以用于进行日常的世俗活动，例如音乐会。由于这个原因，小的礼拜堂放置在地下层标高，仍然专门用于教堂仪式，例如洗礼、婚礼等。从教区综合建筑群的休息厅中可经由通道去地下室和小礼拜堂。圣器收藏室同样也有独立的楼梯通向地下室，因此它既可以服务于主教堂，也可以服务于小礼拜堂

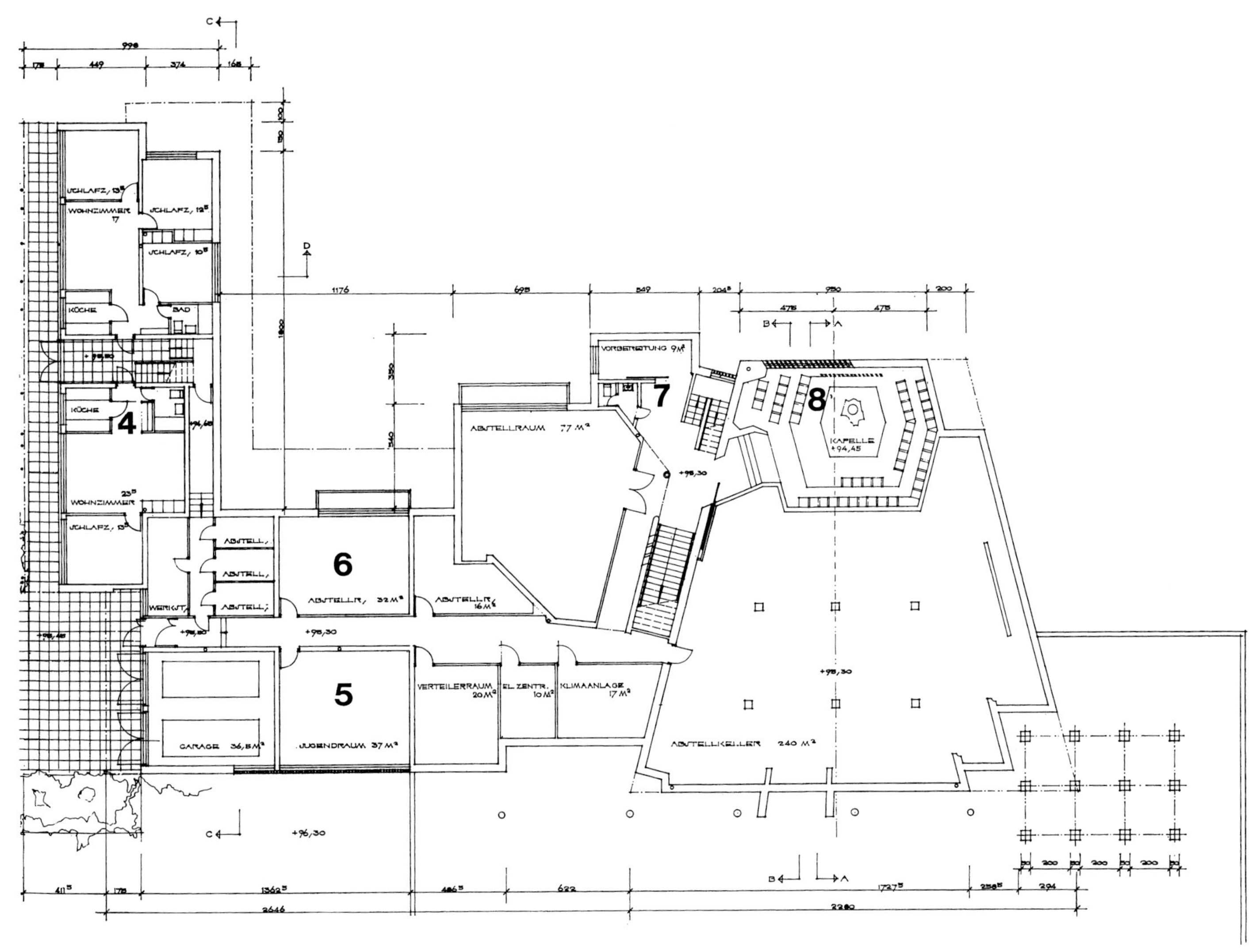

地下室平面图：小礼拜堂位于这一层，在教堂唱诗班之下。其附属的房间也可以经由从休息厅向下的楼梯到达。青年人房间的进入有独立的入口临近车库。在同一标高上还有进入公寓的入口，是牧师的公寓，连同上一层的教区办公室，与主标高层的平面位置相同

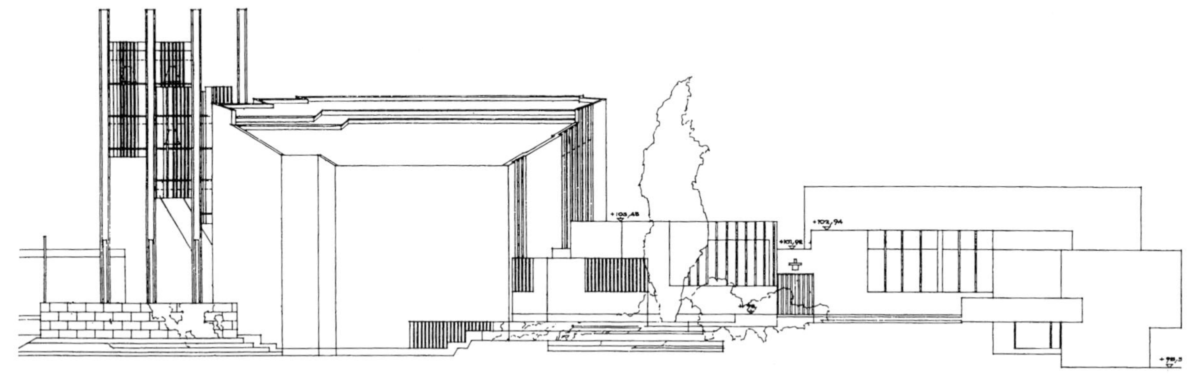

背立面图：路交叉口一侧

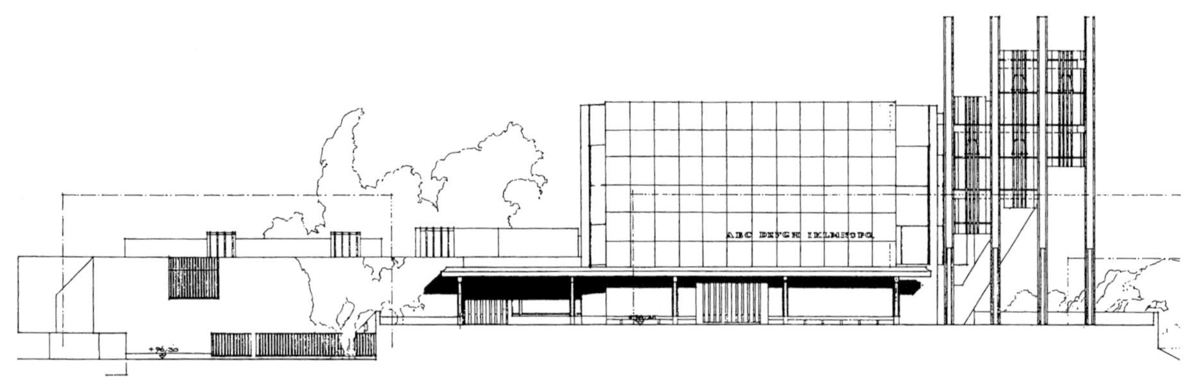

入口立面图：小广场通过购物与社区中心围合起来

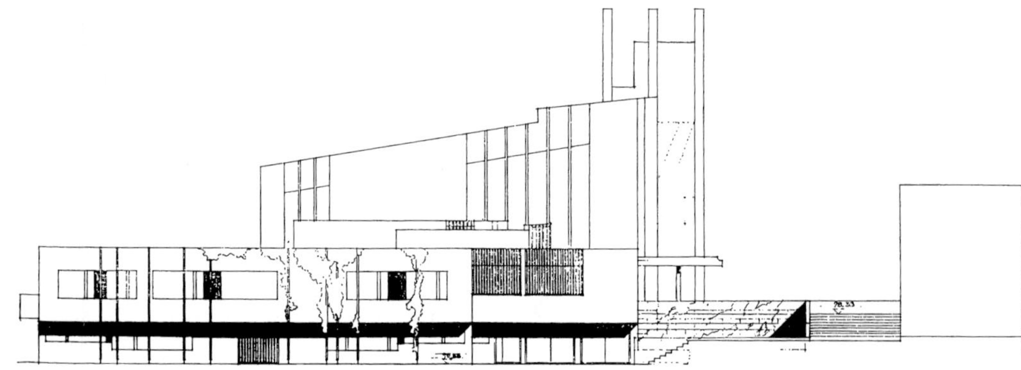

侧立面图：公寓和青年人用房的入口，入口庭院位于上一层标高上

钟塔：作为一个自治的雕塑元素，也是社区中心的象征

波洛尼亚里奥拉教堂

1966 年设计

意大利的波洛尼亚（Bologna）里奥拉（Riola）教堂的委托人是勒卡洛主教（Cardinal Lercaro），他主持了最初的全部讨论，所有的事情，从教堂的位置到结构细节都和他商讨过。这座教堂是由罗马教廷支持建造的。教区中心位于通向城市波洛尼亚的古老街道上，一侧是雷诺（Reno）河沿岸，另一侧是古罗马桥。它被看作是新“改革”的礼拜仪式转化成建筑功能形式的第一座教堂。创作的主要指导原则是在圣坛、唱诗班和管风琴以及洗礼池之间尽可能地建立紧密的联系。

教堂是一个不对称的巴西利卡，有着非对称的拱形屋顶，通过拱形屋顶阳光在圣坛周围汇聚并被引入巴西利卡的室内。楼座被省略了，但是作为替代唱诗班区域发展成为一种阶梯状的形式。洗礼池向圣坛敞开。

建筑的长方向沿河布置，并坐落于防洪堤之上。教堂前面的墙可以打开，这样教堂前面的院子构成了教堂仪式的延伸。

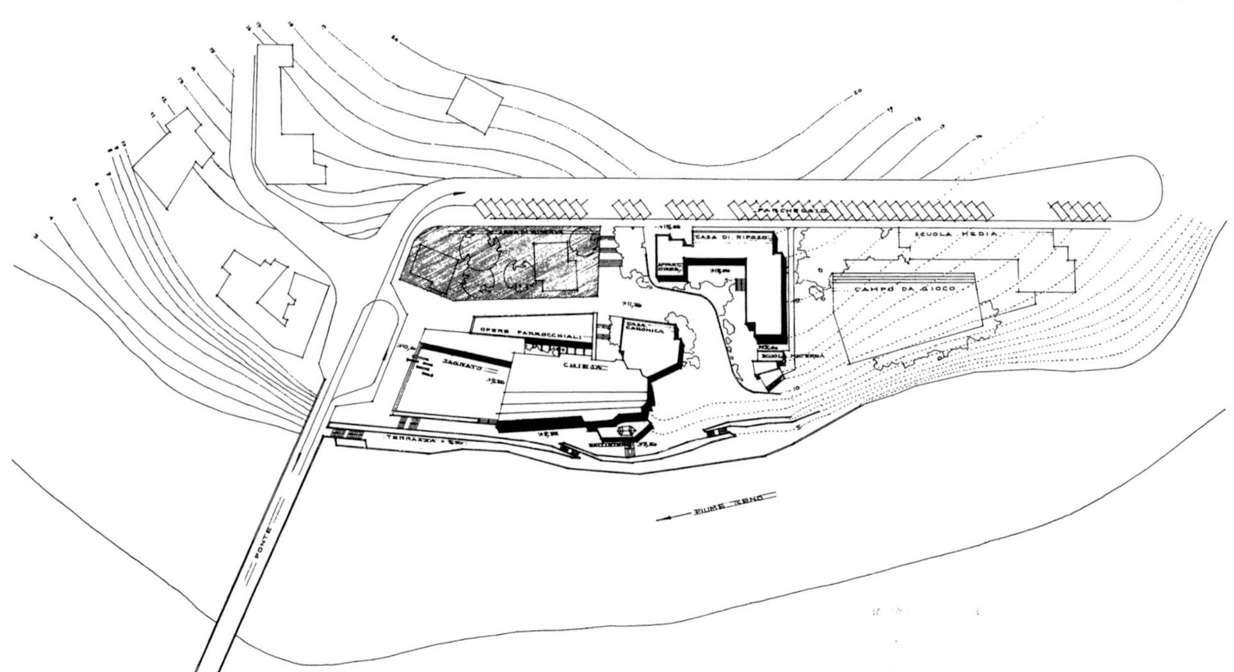

总平面图

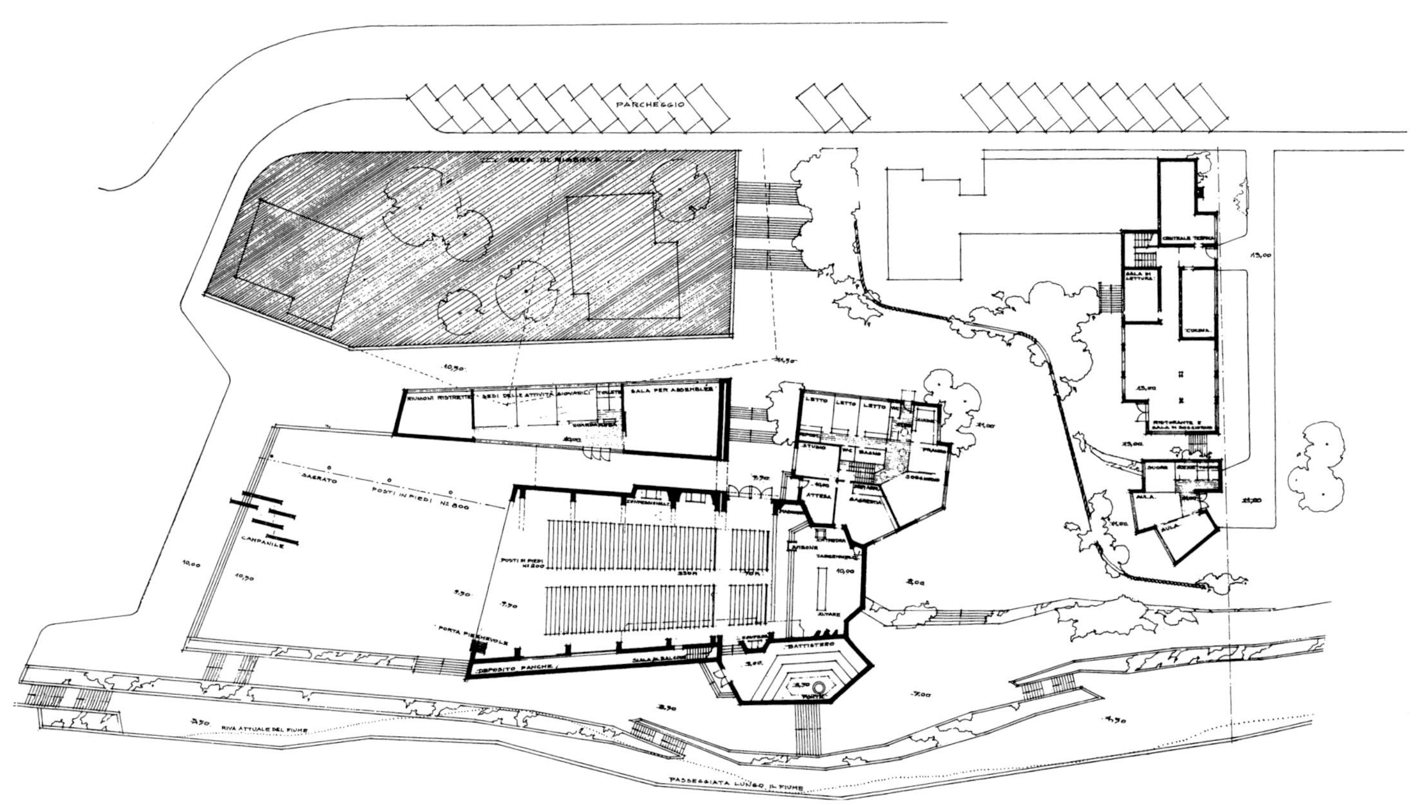

主层平面图：前院有独立的钟塔，当教堂的墙敞开的时候，它构成了教堂本身的延展，同时它也可以同有顶的开敞大厅一起用于其他的社会活动。教堂可以再次划分，划分后，圣坛区域和洗礼池都各自构成了独立的空间单元。这样，大的教堂的室内也就可以用于其他的功能。圣器收藏室与牧师的公寓结合在一起，后者有直接的走道通向圣坛区域。福利办公楼可以经由前院和开敞的大厅或者停车场到达。阴影线的部分表示办公楼今后可以如何扩建。独立的学校中心，包括幼儿园、教室、餐厅和公寓，正在规划中。层叠式散步平台沿河布置

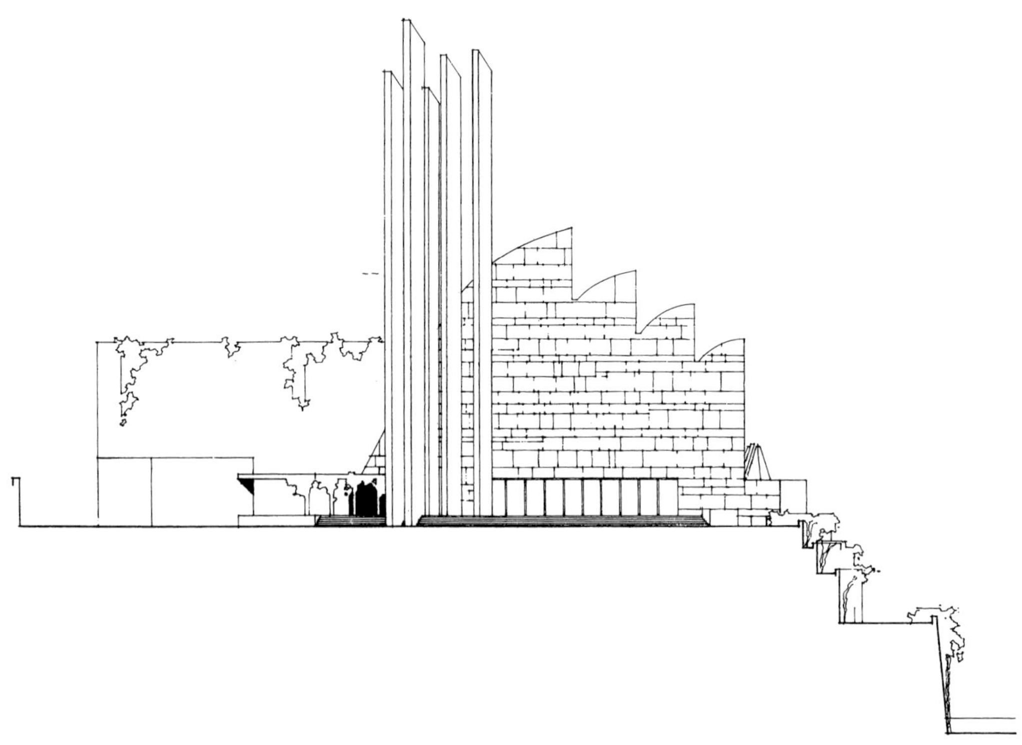

入口立面图和独立的钟塔：左侧，福利办公楼；右侧，导向河边的台阶

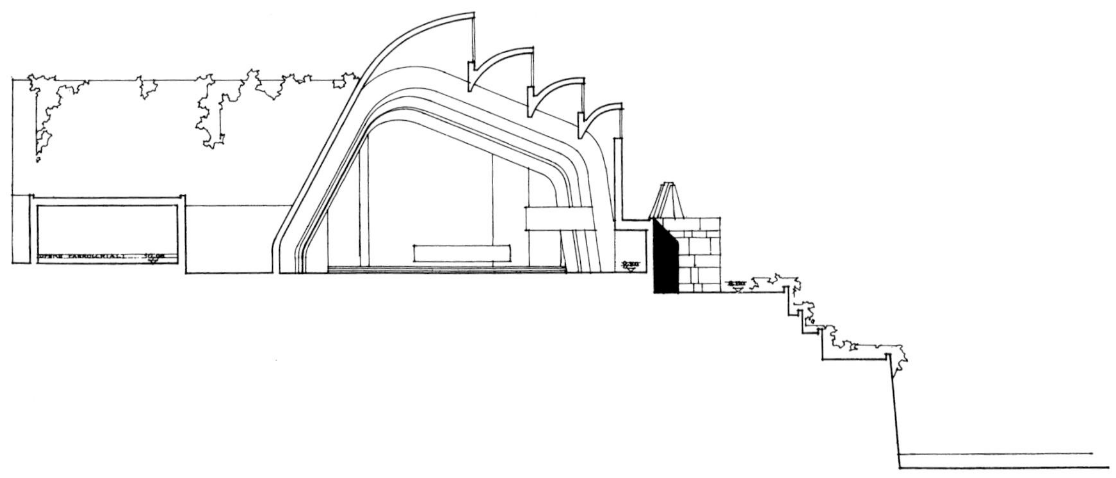

教堂和窗户的横向剖面图

教堂模型

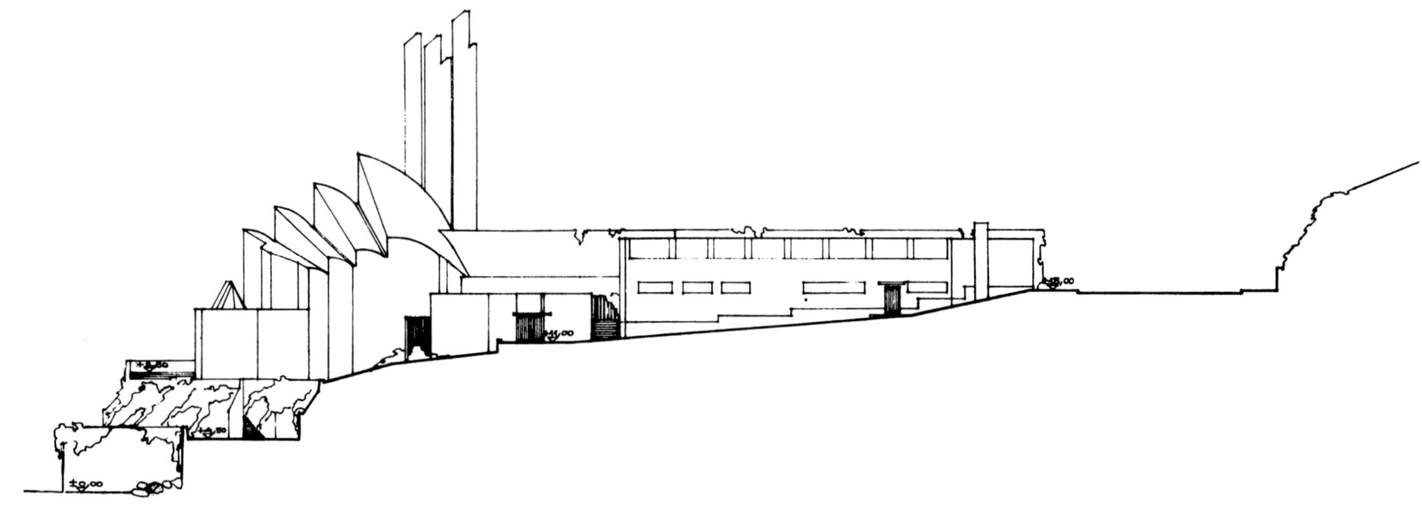

侧立面图：包括河、平台、洗礼池、教堂、圣器收藏室以及长老会和学校中心

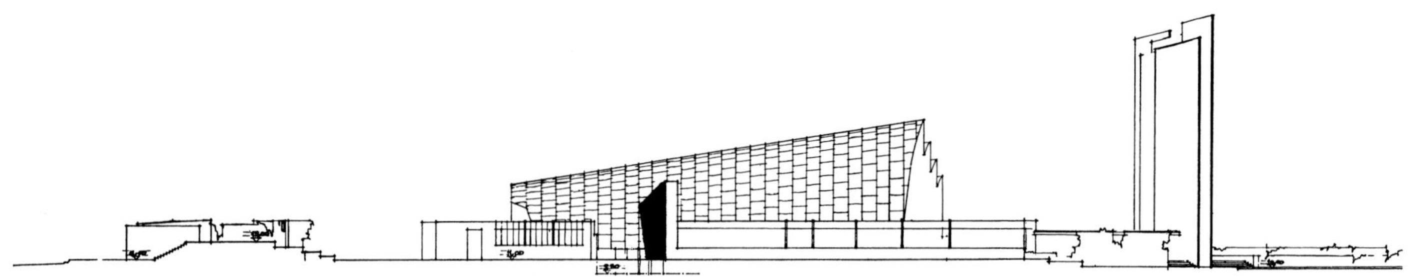

停车场一侧的纵向立面图：左侧，学校中心；右侧，福利办公楼

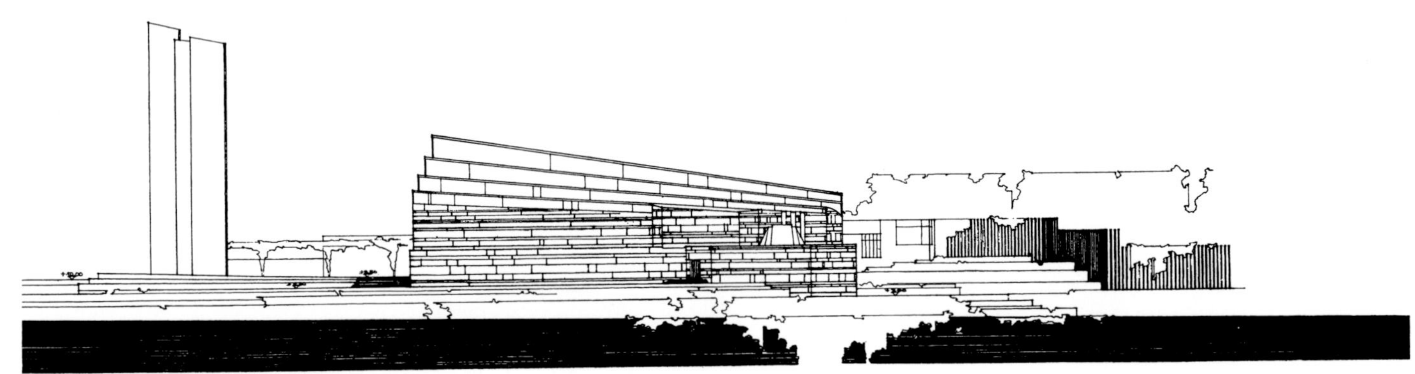

河及堤岸一侧的纵向立面图：教堂建筑的立面是天然石材，带天窗的拱券的屋顶与墙的立面是铜皮

苏伊士艾尔斯滕新教教区中心

1967 年竞赛（一等奖）

瑞士的苏伊士艾尔斯滕新教教区中心（Protestant Parish Centre in Zürich-Altstetten）位于正在建设中的居住区的外围，面对一座已经存在的学校建筑，其一翼限定了公园区域的边界。

因为地形坡度，可以为教堂和观众厅建筑群建造各种类型的前庭院。教堂的广场高于街道标高大约 2 米。通向塔楼上方的楼梯将广场和街道联系起来。观众厅的前庭院位于低于街道大约 1.5 米的标高上，通过从钟塔下来的楼梯与街道相连。另外，前庭院还在东北区域与停车场通过步行区相连。在教堂与街道之间是下沉广场，与教区会堂在同一标高上。

不同的入口标高构成了一种由开敞庭院组成的有韵律的序列，成为整个教区中心的集会广场。

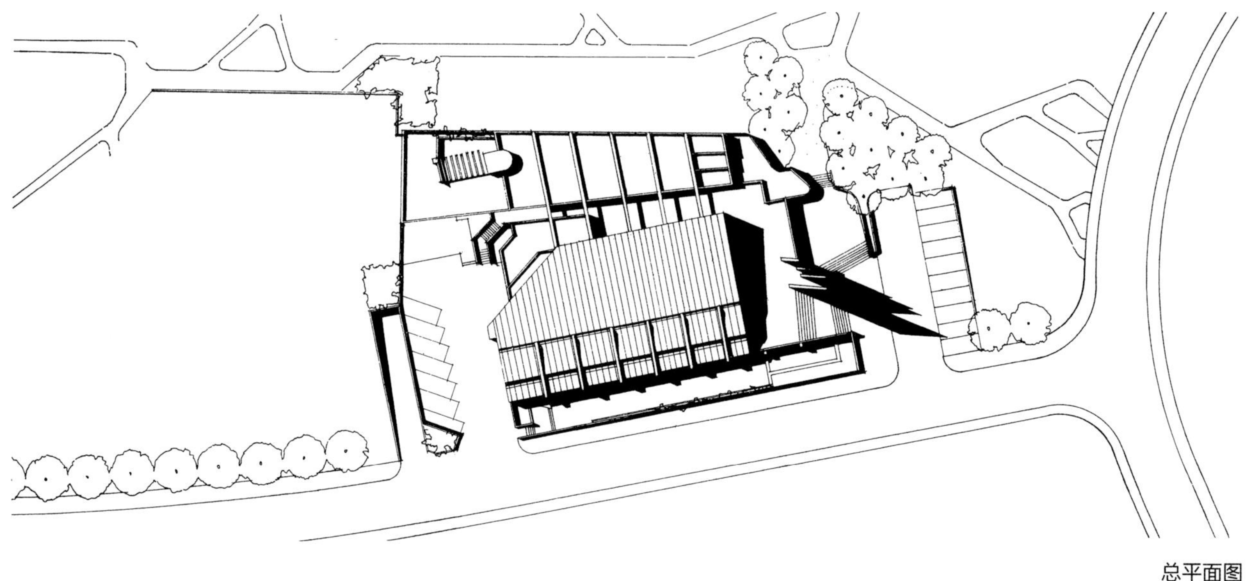

总平面图

模型照片表现出整个综合建筑群体周围的斜坡。从花园式公共绿地区域看向教区会堂和教堂的正视图

教堂模型：看向圣坛和管风琴，右侧是通向唱诗班楼座的楼梯

从街道看教堂：背景，上至后方通道和居住区域的阶梯。一层是教堂司事的公寓，二层是牧师住所。室内与室外的墙的表面都被粉刷成白色。倾斜的屋顶结构覆以铜外壳。塔楼是刷成白色的混凝土

教堂入口和教区会堂入口

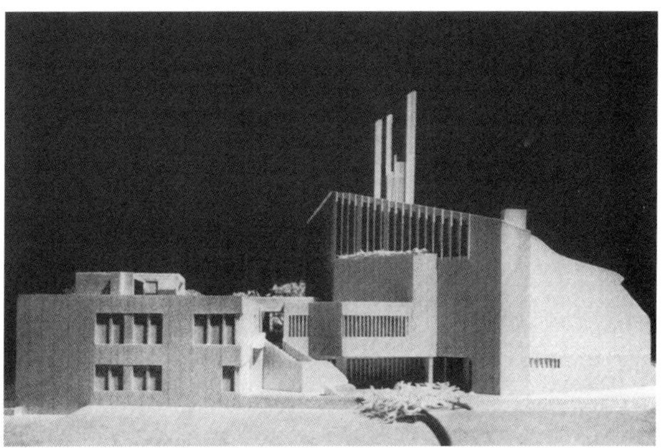

居住区域、后方通道及青年用房单独入口方向的立面图

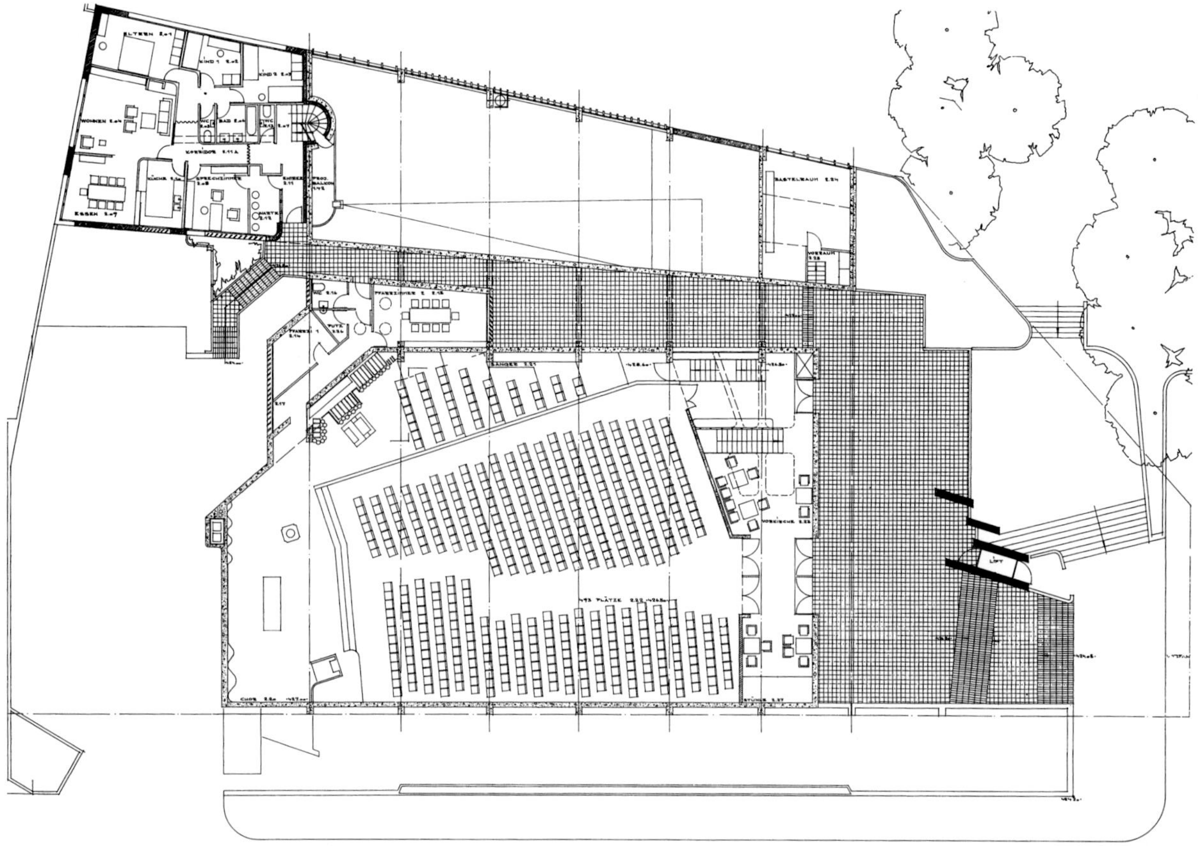

教堂平面图：教堂室内在唱诗班的方向上逐渐变窄。阶梯状的唱诗班楼座、管风琴和教堂正殿在平面上呈方形排布。唱诗班及其高坛、圣餐台和洗礼池构成了另外一个单元。因为座位的排布是灵活的，正殿也可以用于举行各种文化活动。从教堂前面的区域开始，设置了一部楼梯在教区会堂标高进入休息厅，在地下层标高进入前庭院

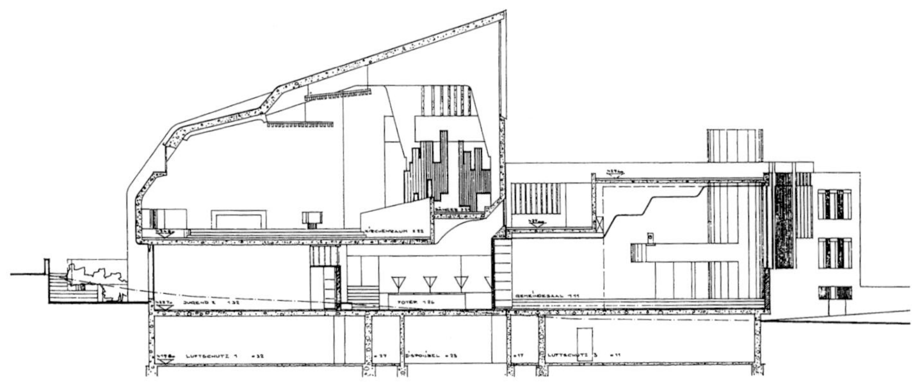

在教堂及教区会堂标高的横向剖面图

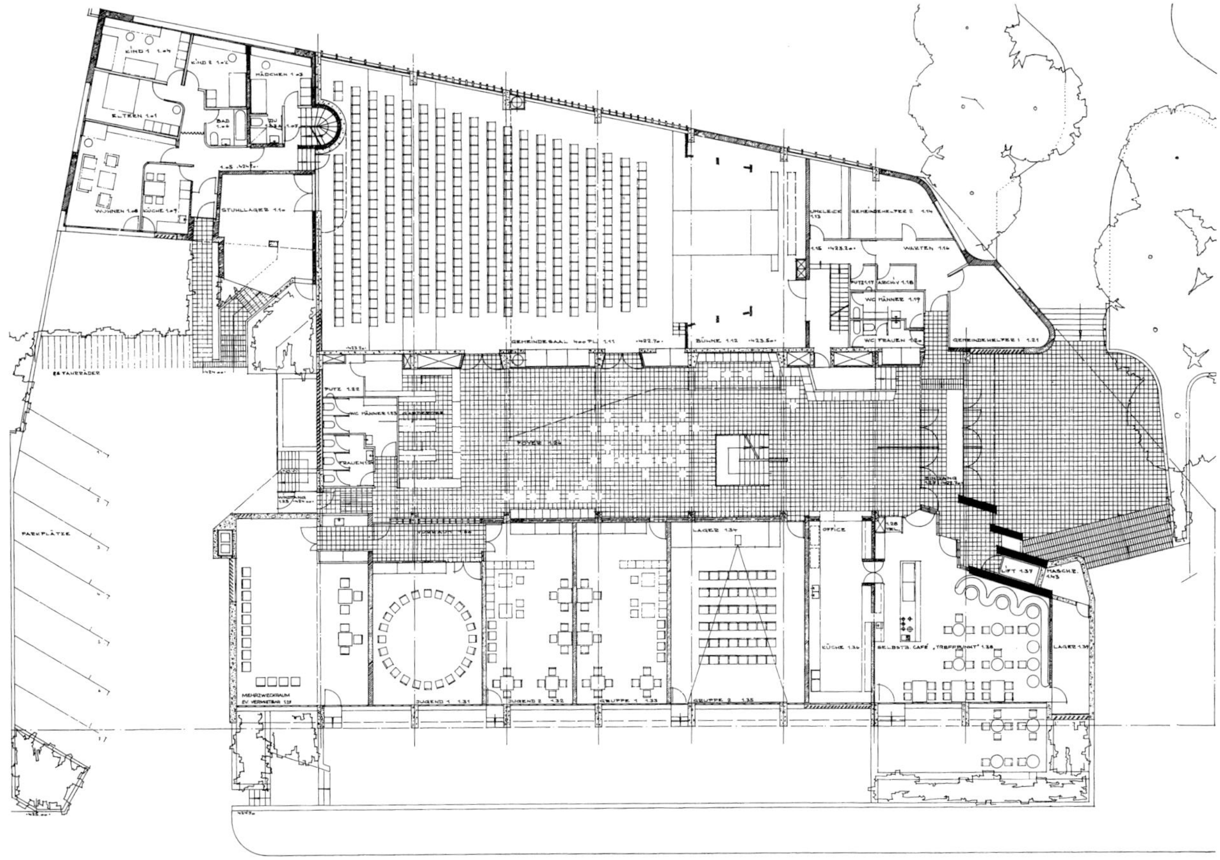

教区会堂层平面图：世俗用途的区域位于教堂之下，有穿过中心可供选择的出入口，其布局满足教区会堂与其他房间的独立使用。青年人用房与多功能用房位于后部，可通过独立的入口到达。如果需要，这个区域可以通过滑轨门与其他区域隔离开来。教区办公室和一间小的自助餐厅可以经由前厅区域到达，这一区域也同样可以同主要区域分离开。教区观众厅及其舞台和放映平台可以通过卷帘墙再次划分。休息厅布置了座椅，其空间很大，可以用于进行各种独立的活动，例如展览和宴会，等等

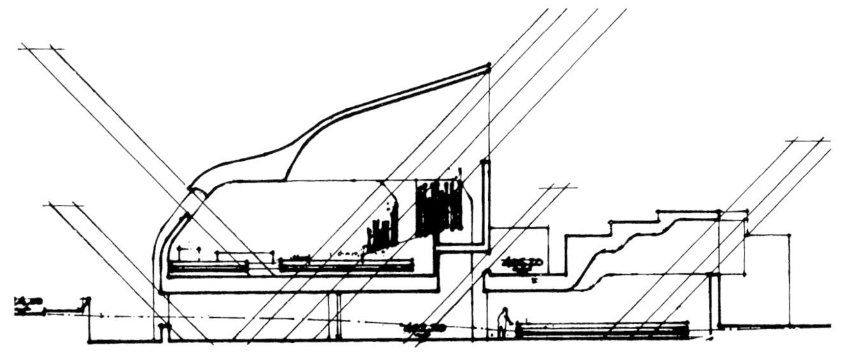

竞赛设计的横向剖面图：表现了光的射入。教堂和教区会堂之间的开敞通道在某种程度上给大休息厅带来了自然采光与通风的可能性

拉赫蒂教堂

1950 年竞赛（一等奖），1970 年设计

位于拉赫蒂（Lahti）的教堂意在成为该城镇的首要教堂。它位于两条主要中央大道之间多坡的三角形基地上，并将构成城镇主要的视觉焦点。

1950 年举办了教堂设计的竞赛，但是方案从未付诸实施。这里的方案基本上是新的。

教堂塔楼从教堂抬起的立方体群中升起，塔由独立的立柱元素构成。有顶的开敞门廊可以用于不同的功能。

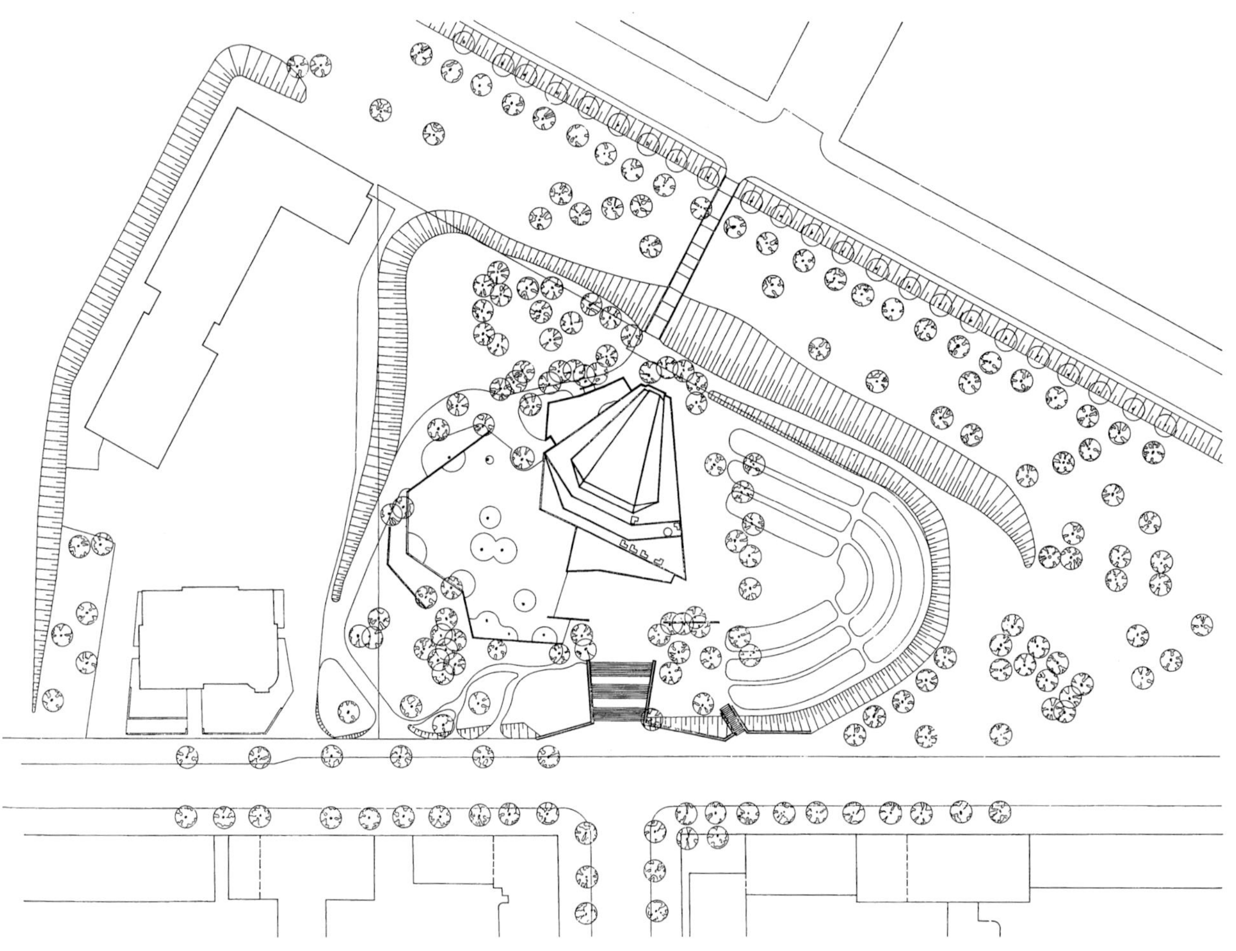

总平面图

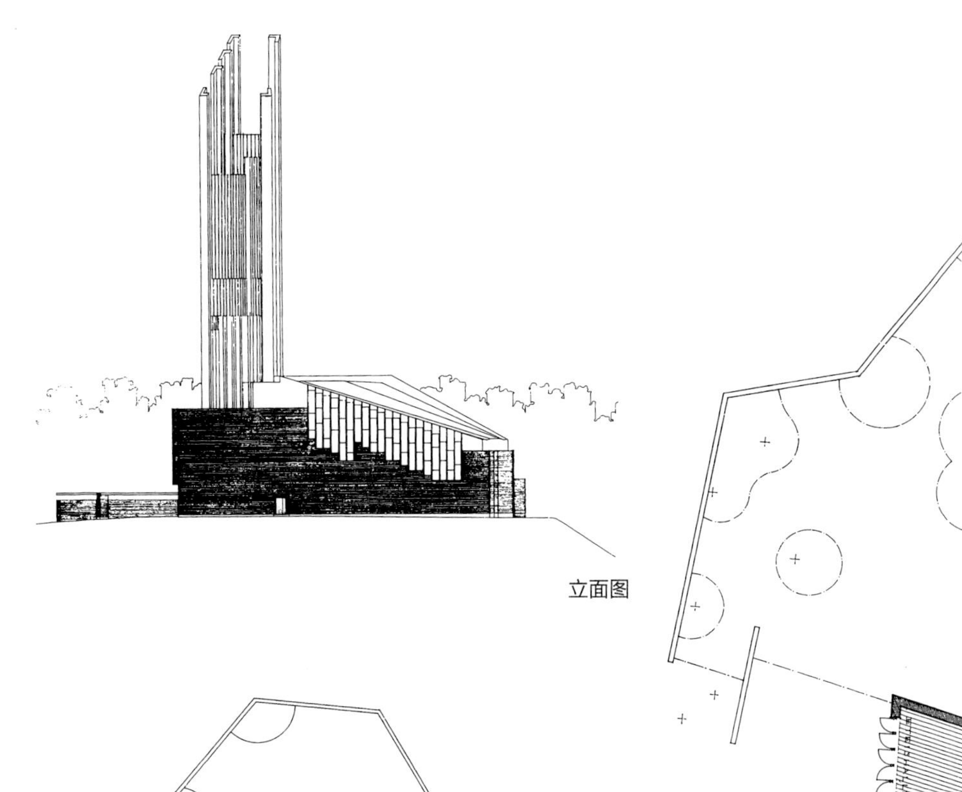

立面图

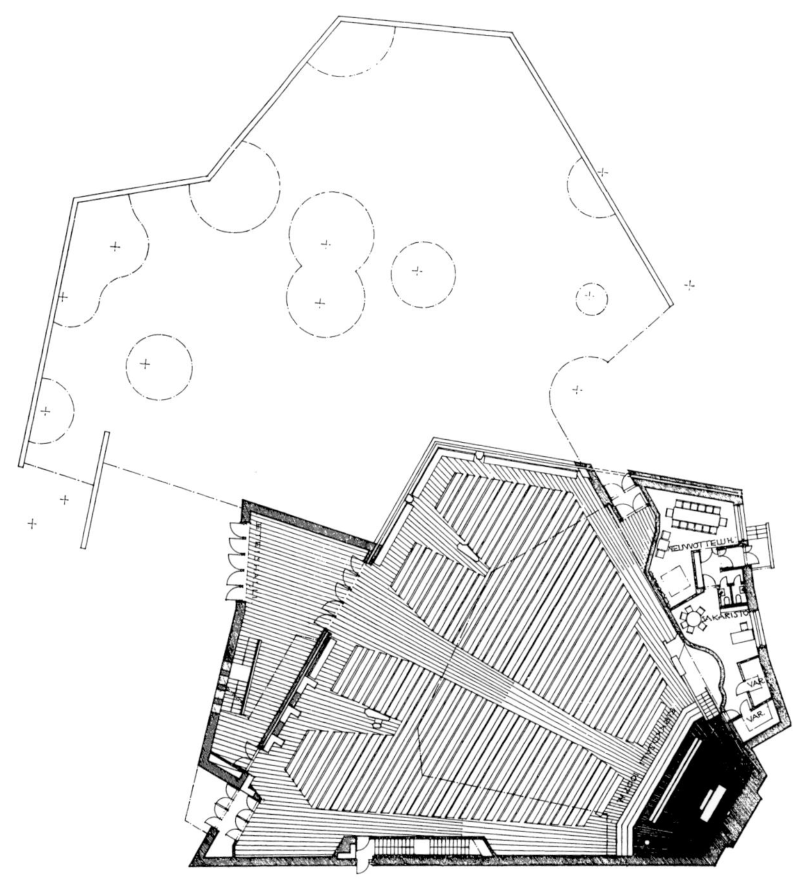

主层平面图：正殿的中轴线与建筑的中轴线并不是对称的，大概可以容纳 1000 个座席。采用这种立方体建筑群设计的形式是基于城镇规划的考虑

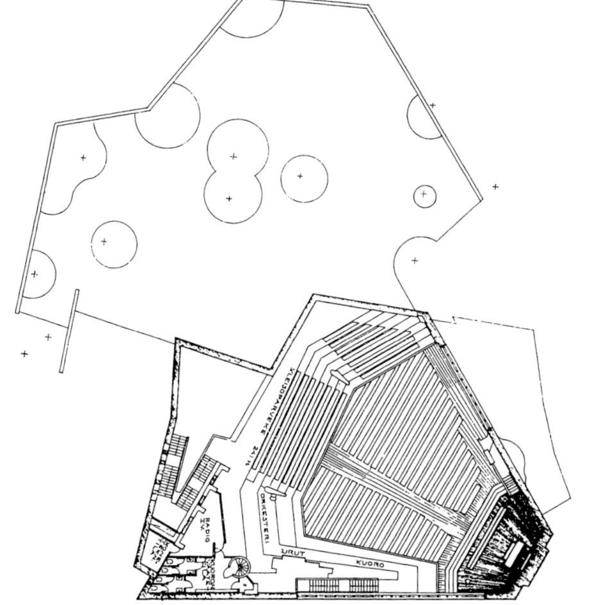

楼座平面大概能容纳 250 位参观者，楼座的一侧是管风琴、唱诗班和管弦乐队

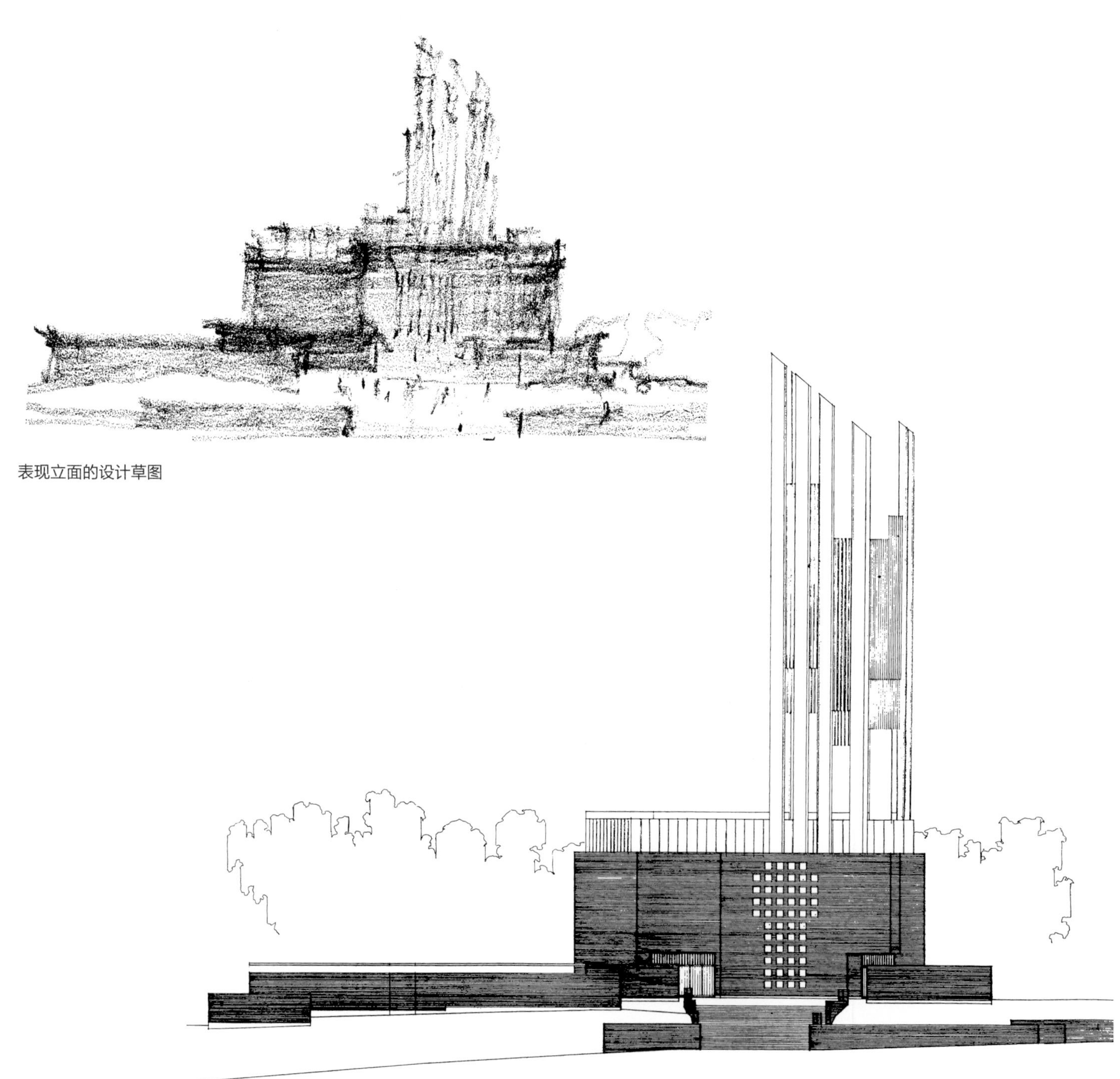

表现立面的设计草图

主入口一侧立面图：开敞的台阶位于街道轴的延长线上

模型：包括开敞楼梯

奥塔涅米工学院主楼

1955年设计，1961—1964年实施

奥塔涅米工学院主楼(Main Building of the Institute of Technology in Otaniemi)位于该区域中心的小山上。以前一处地产的主楼在那里，一座不大的花园属于这处地产，花园被保留了下来，并且环绕在目前学院中心结构的周围。

主楼一侧的广场用于机动车辆，其对面一侧是步行区域，步行区域呈阶梯状并且类似于花园的格局。它将主楼与对面的学生公寓综合建筑群联系在了一起。

观众厅组群构成了整个建筑群体的首要元素。这些观众厅排列成半圆形的形式。屋顶结构有节奏地随着座席的抬升而升起。窗子成行排列，排列成阶梯状。这种剧院状的升起构成了学生广场的背景。学院的行政管理区域也朝向这个广场。

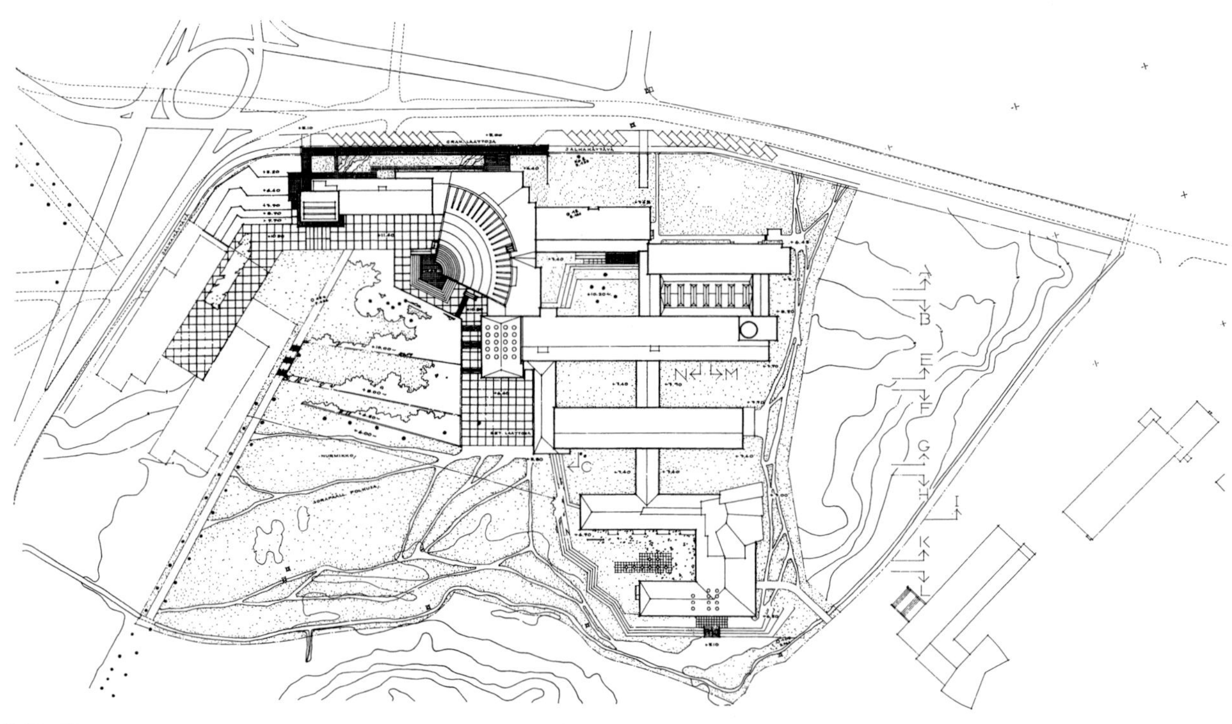

总平面图

真正的教室建筑围绕稍小的内部庭院形成组团。在这些组团中还有第二报告厅、实验室和其他用于研究目的的房间，以及教职员工的办公室。整个建筑分为四个主要的组团：行政管理部分、基础部分、地质测量学部分、建筑学部分。

各个独立组团的排布以这样一种方式，即每一个综合体都可以在不影响整体的情况下进行扩建。

这座建筑选取了以下三种主要的建筑材料：黑色花岗岩、深红色的砖（砖必须是特殊制作的）和铜。

在内部庭院中，建筑组团的立面是大理石的。大多数的教室是白色的，也可以看到一些红砖的。因为声学的原因，天花板是木材与金属的。

主观众厅

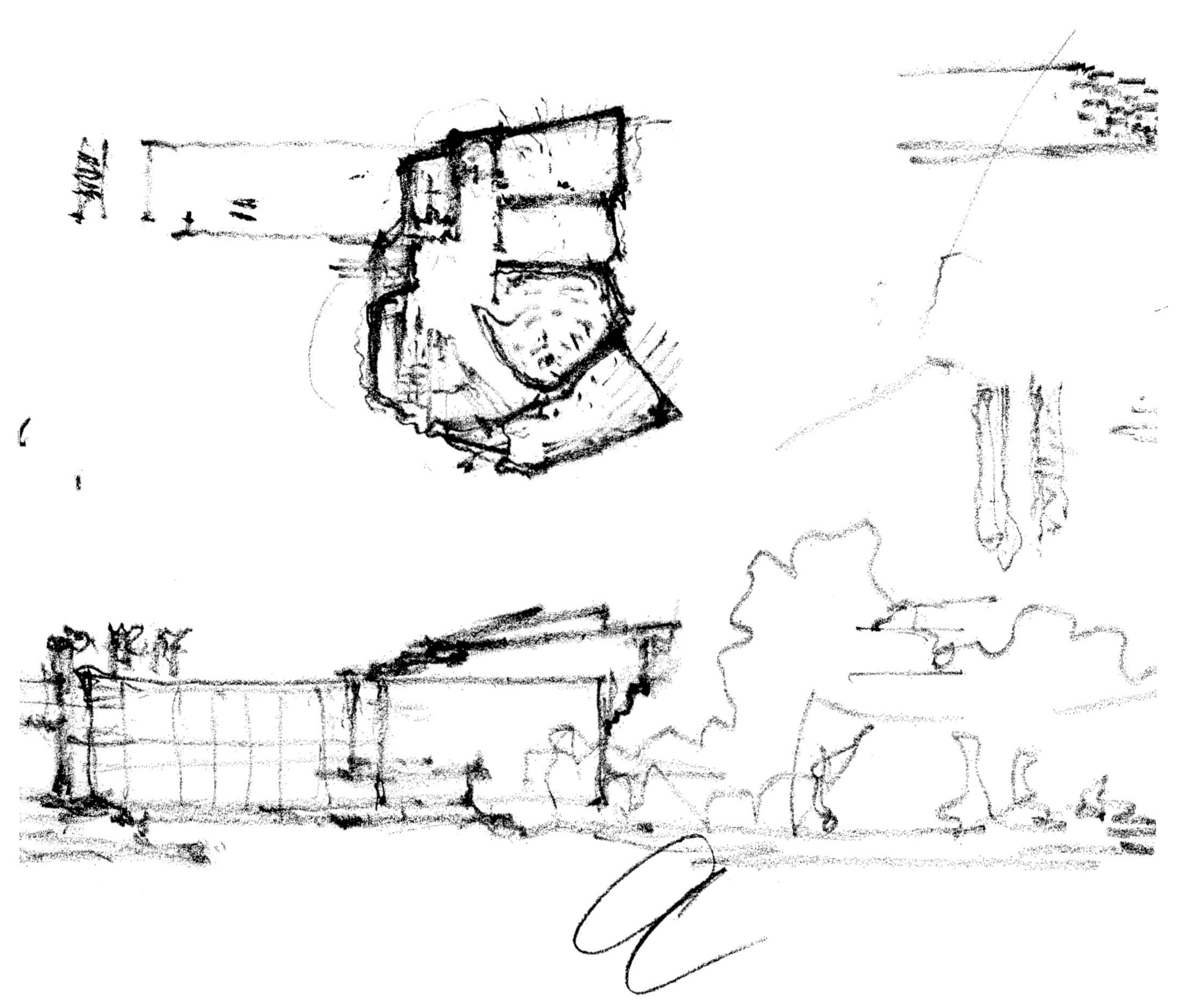

建筑学部分工作室的设计草图

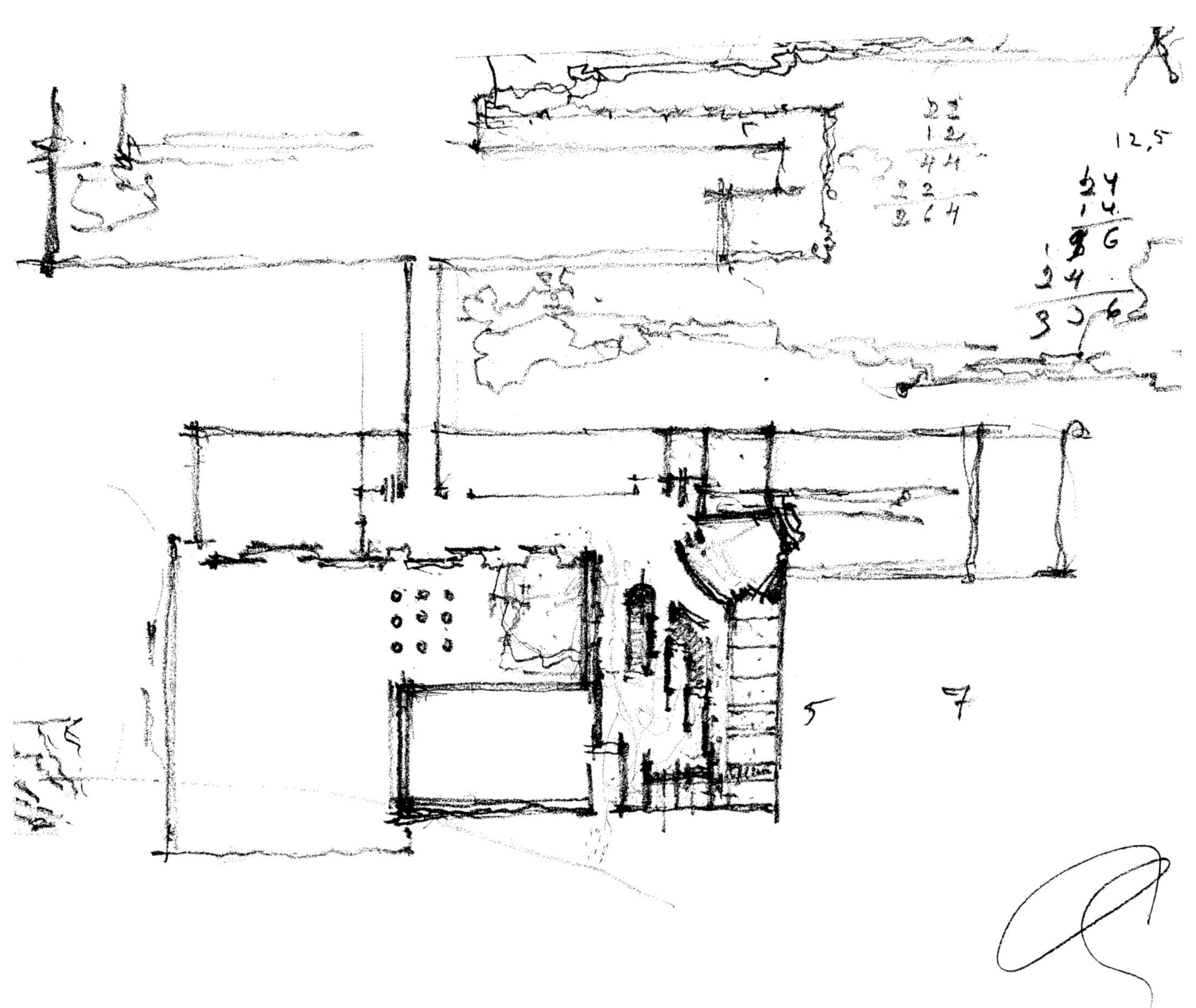

建筑学部分入口区域的设计草图

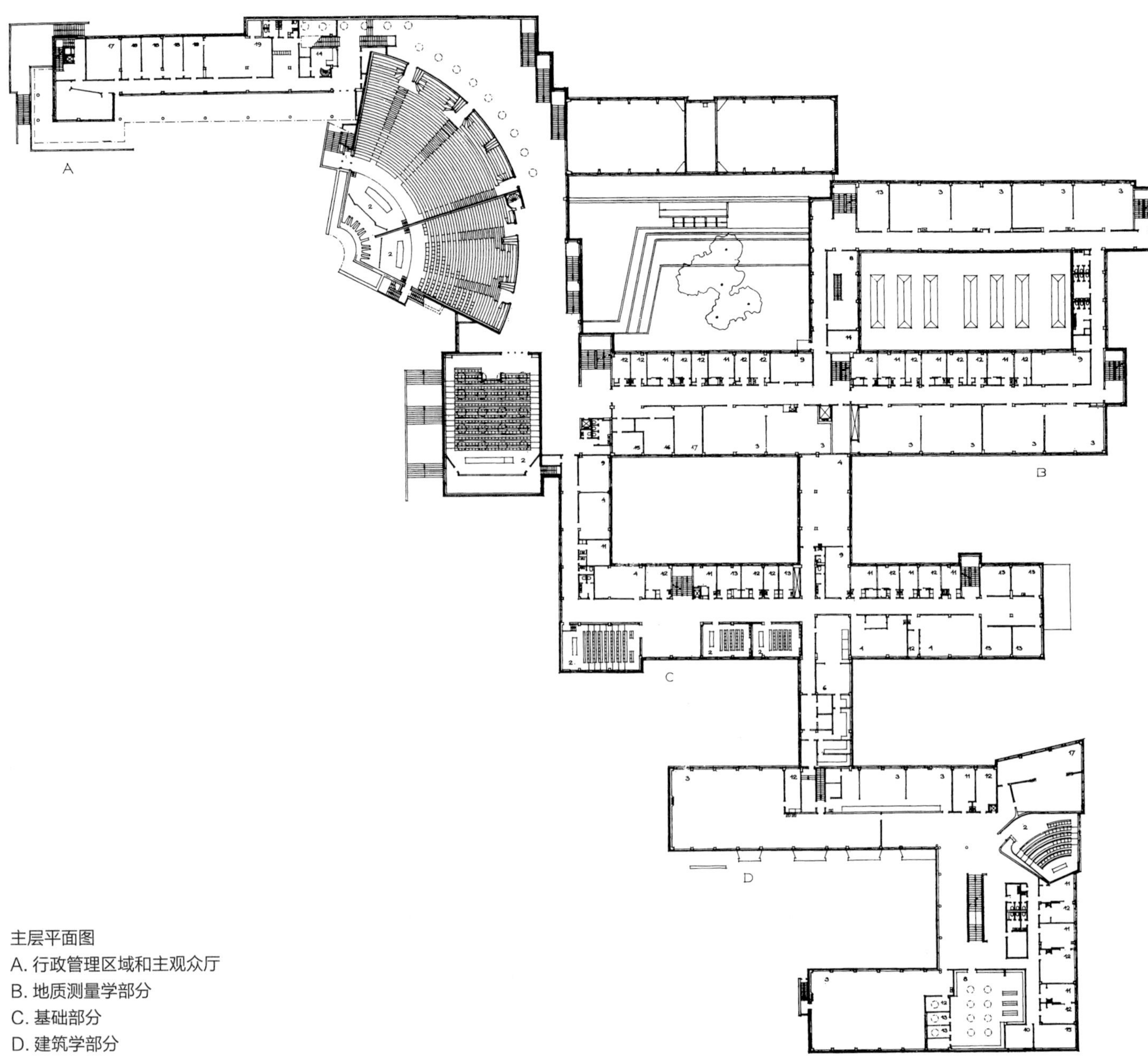

主层平面图

A. 行政管理区域和主观众厅

B. 地质测量学部分

C. 基础部分

D. 建筑学部分

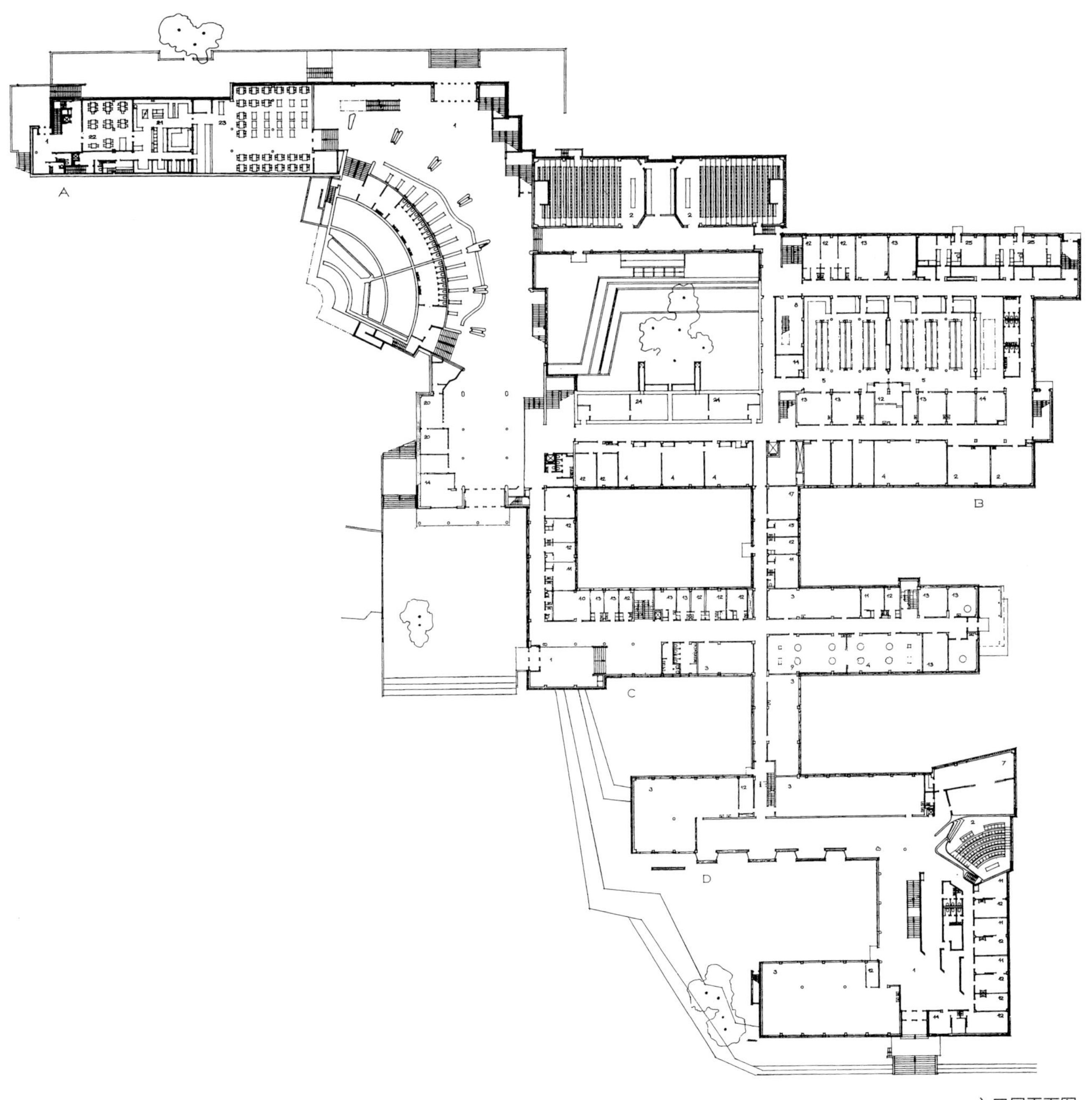

入口层平面图

这些室外实景照片表现了核心区周围的坡地和主观众厅

主观众厅

主观众厅的后立面实景

主观众厅和实验室

职员委员会用房

主观众厅的室内实景：会堂可以获得非直接的漫射阳光

锅炉房立面

立面细部实景

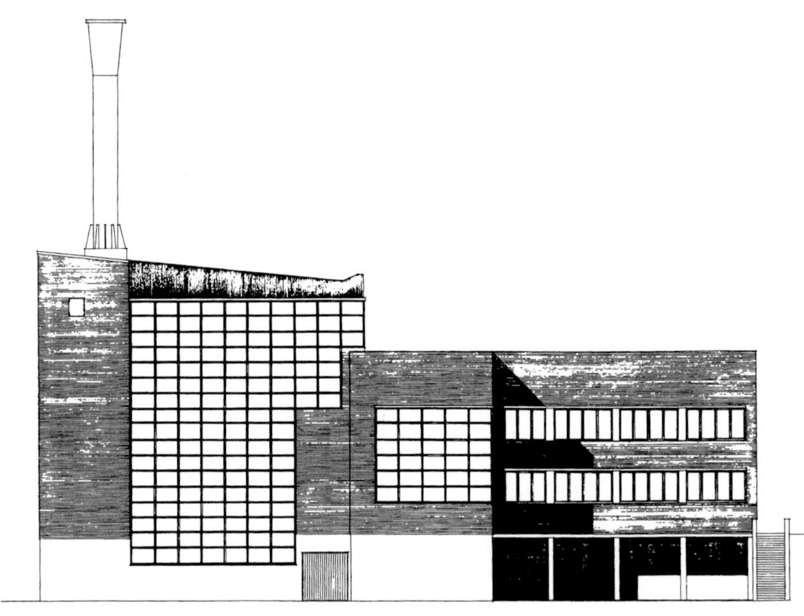

立面图：供热车间扩建的潜力在这个立面上表现出来

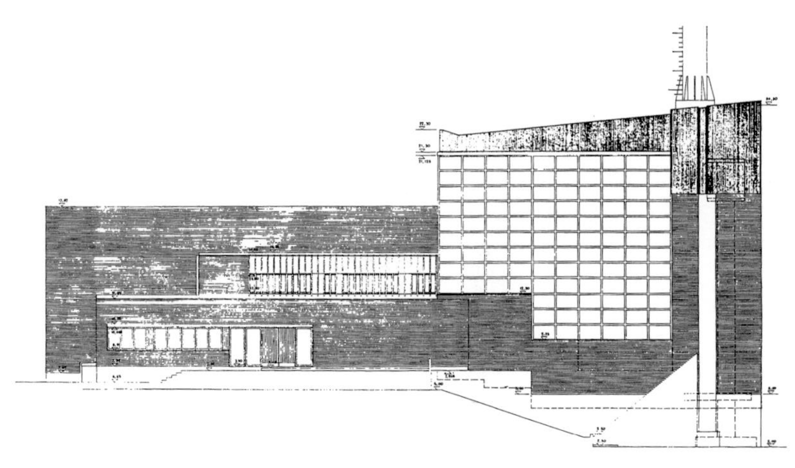

纵向立面图：包括主锅炉房和实验室入口

立面外观

奥塔涅米学生旅馆

1962 年设计，1964—1966 年实施

奥塔涅米学生旅馆（Hotel for Student in Otaniemi）建筑是作为现有的学生公寓的补充。其意图是用作宾馆，而且这里可以像一座普通的旅馆一样容纳单独的客人或团体。主入口及其接待台和小自助餐厅都位于有围墙的庭院中，在地面层标高上。

每一层 8 ~ 11 个房间形成一组，每个房间都有淋浴间和卫生间。每一组都给分配了一个小厨房和一间共用的休闲室。每一组都可以经由独立的垂直通道到达，而不用穿越其他的组。

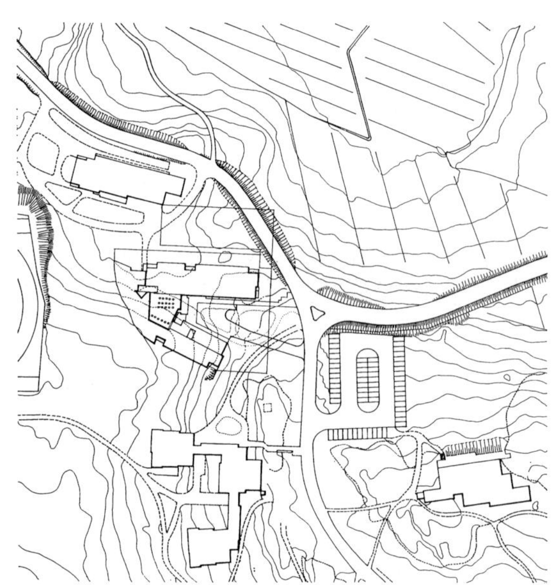

总平面图：旅馆位于最后一组学生公寓与学生洗衣店之间，且在体育中心之上。扇形的开敞部分朝向学生公寓

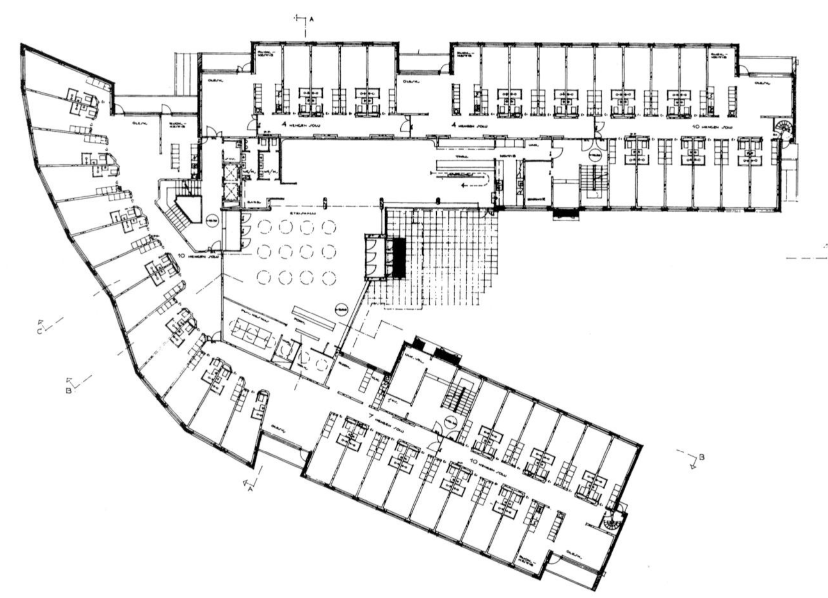

一层平面图：每个房间都配备有淋浴间、洗脸盆和卫生间

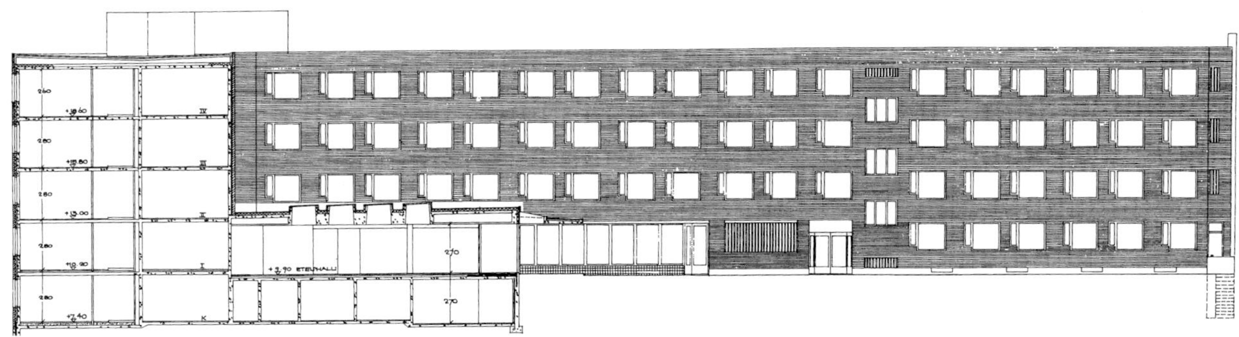

主入口剖面图以及第二入口和自助餐厅的庭院立面图

扇形展开区域的立面实景：这座建筑在室内与室外都在呼应大约 15 年前建造的学生公寓，相同的形式元素被借鉴过来

恩索－古特蔡特总部办公楼

1959 年设计，1960—1962 年建造

恩索－古特蔡特（Enso-Gutzeit）总部办公楼这个项目在第 1 卷中已经介绍过。该建筑位于赫尔辛基古老的新古典主义的中心，而且某种程度上来说，它开始了从城市的这个区域向沿海区域建筑的转变。它坐落在集市广场上，广场面向港口敞开，而且从建筑学的角度来看，其作用就像夏逢尼海岸大道（Riva degli Schiavoni）在威尼斯（Venice）的地位一样。它还构成了赫尔辛基大步行道轴线的终点。建筑师通过布置，将会创造一座现代的建筑并与周围的环境相协调。

背海一侧的外观

沿海一侧的纵向立面：背景是希腊东正教教堂，有着暗红色未加工过的砖石墙面和镀金屋顶

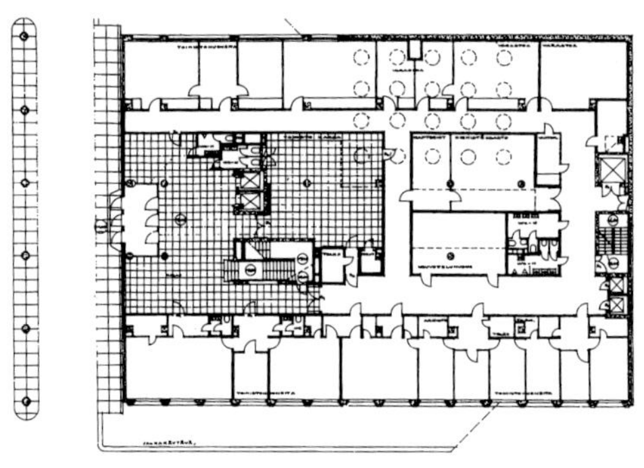
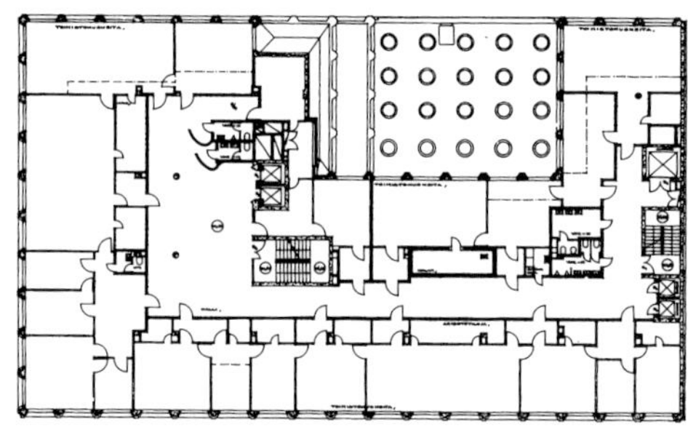
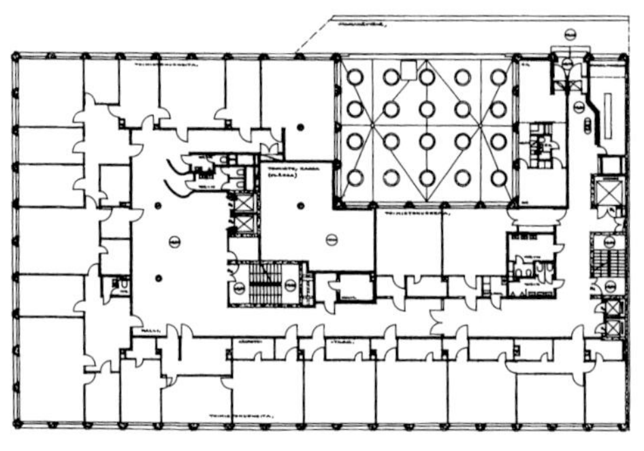
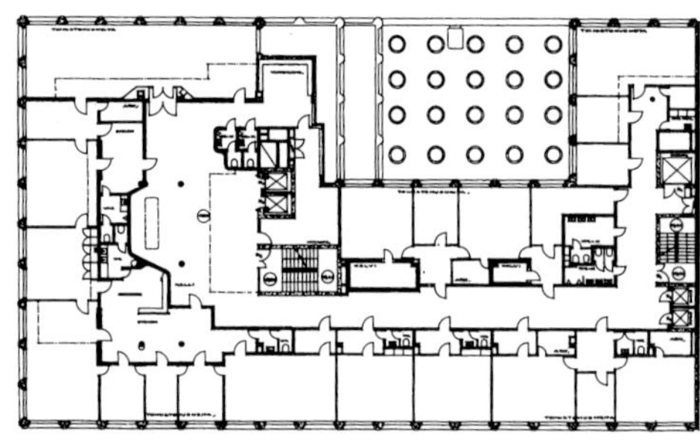
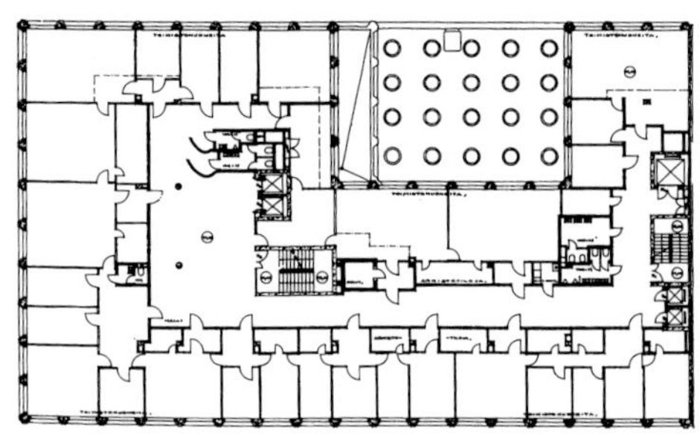
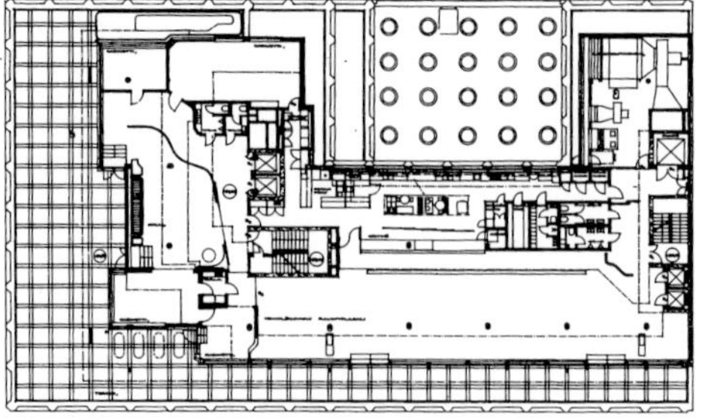

从一层到顶层的一系列平面图：立面基于由层高决定的方格网。另一方面这个方格网也决定了建筑的建造。大尺度的框架网格带来了抑或不在立面网格之内的灵活分隔，同时也缩减了建筑的体量

入口立面细部实景

立面细部：在这座建筑中运用了以下材料：用于基座部分的花岗岩板材，立面上的白色卡拉拉大理石板，天然柚木用于窗户，铜用于屋顶构件，而地面层标高的隔板则采用了金属板和青铜

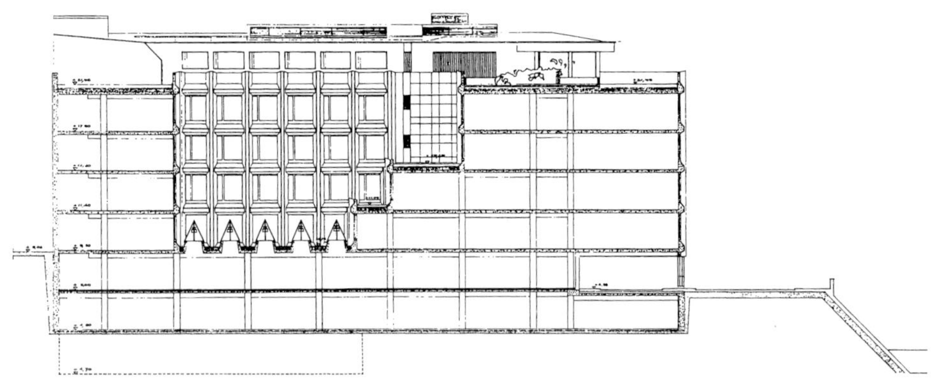

背海一侧的纵向剖面图

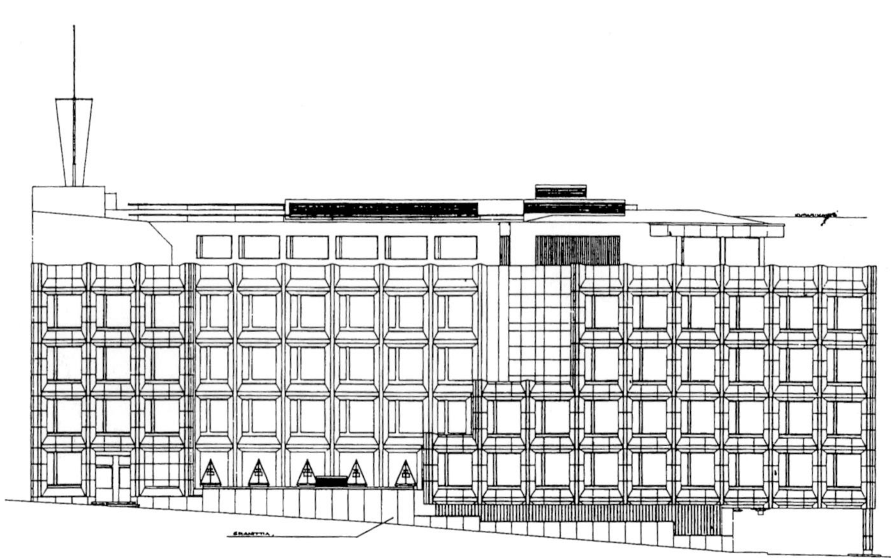

背海一侧的纵向立面图

立面细部：这个立面就像一个屏幕包裹着建筑的体量，这样就消除了支撑结构对立面所带来的影响。幕墙的龙骨上覆盖着白色卡拉拉大理石板，通过这种方法大理石板就成为视觉上最显著的立面元素。折面的肋状元素加强了光的反射效果，光既来自直射的阳光也来自大海的反射

斯堪的纳维亚银行行政办公楼

1962 年设计，1962—1964 年建造

赫尔辛基的斯堪的纳维亚银行行政办公楼（Administration Building of the Scandinavian Bank）的扩建基地位置在一个其建筑历史可以追溯到 19 世纪中叶的老城区域。沿着滨海大道公园 (Esplanadi) 是从 20 世纪开始的商场与办公楼。在亚历山大卡图（Alexandrinkatu）以及壮丽的城市中心主要的风格特征则是散布的新古典主义的集市广场，它的中心高潮部分是 C·L·恩格尔（C.L.Engel）所创作的大教堂。在新建的银行建筑中，黄铜外立面的比例与设计体现了这座建筑与周围不同风格相适应的努力。

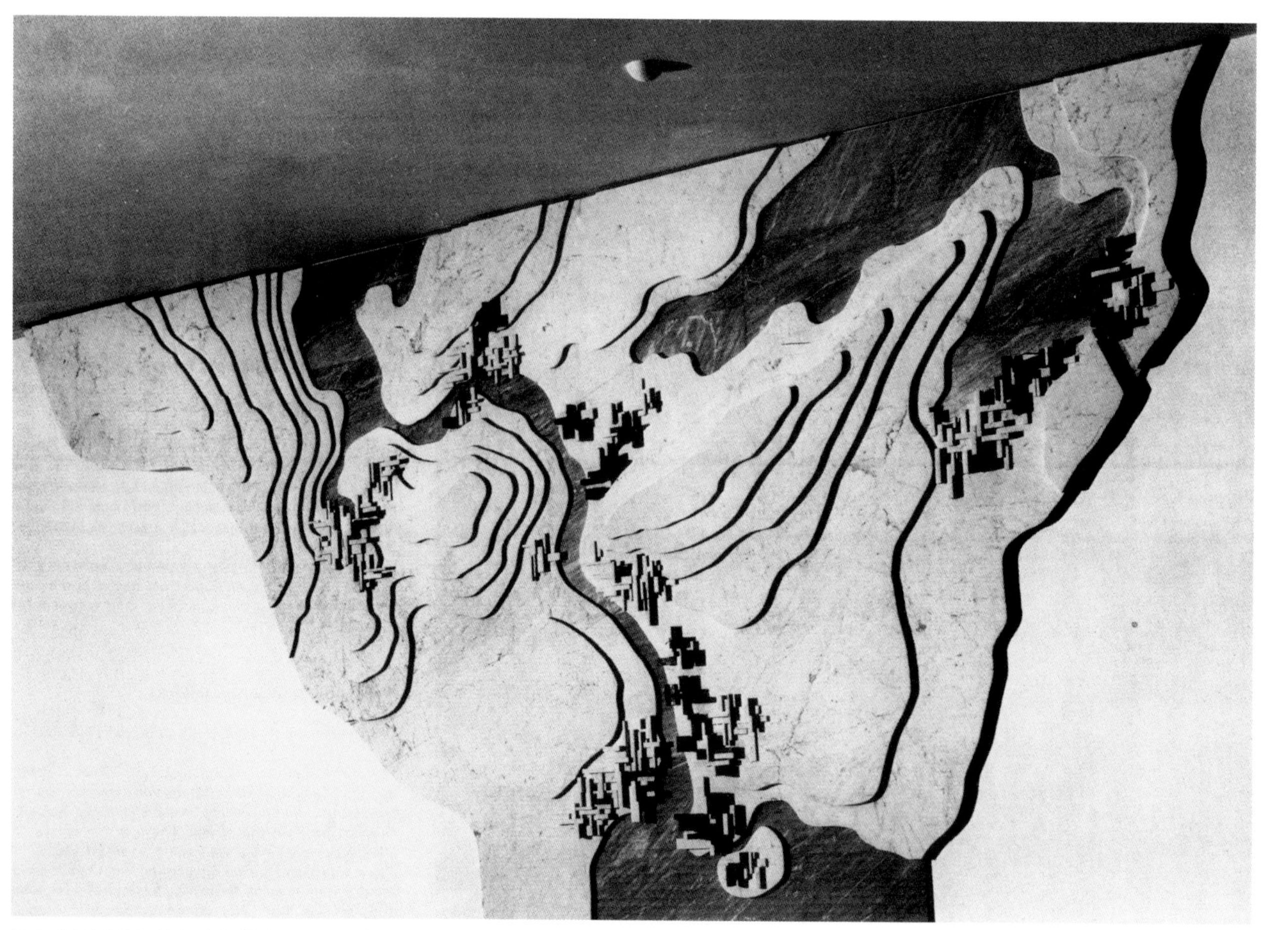

墙上的浮雕是黑色与白色的大理石，是芬兰地形的一种抽象表达

立面实景

从滨海大道公园看向法宾克卡图（Fabiankatu）

立面细部实景

银行的入口大厅

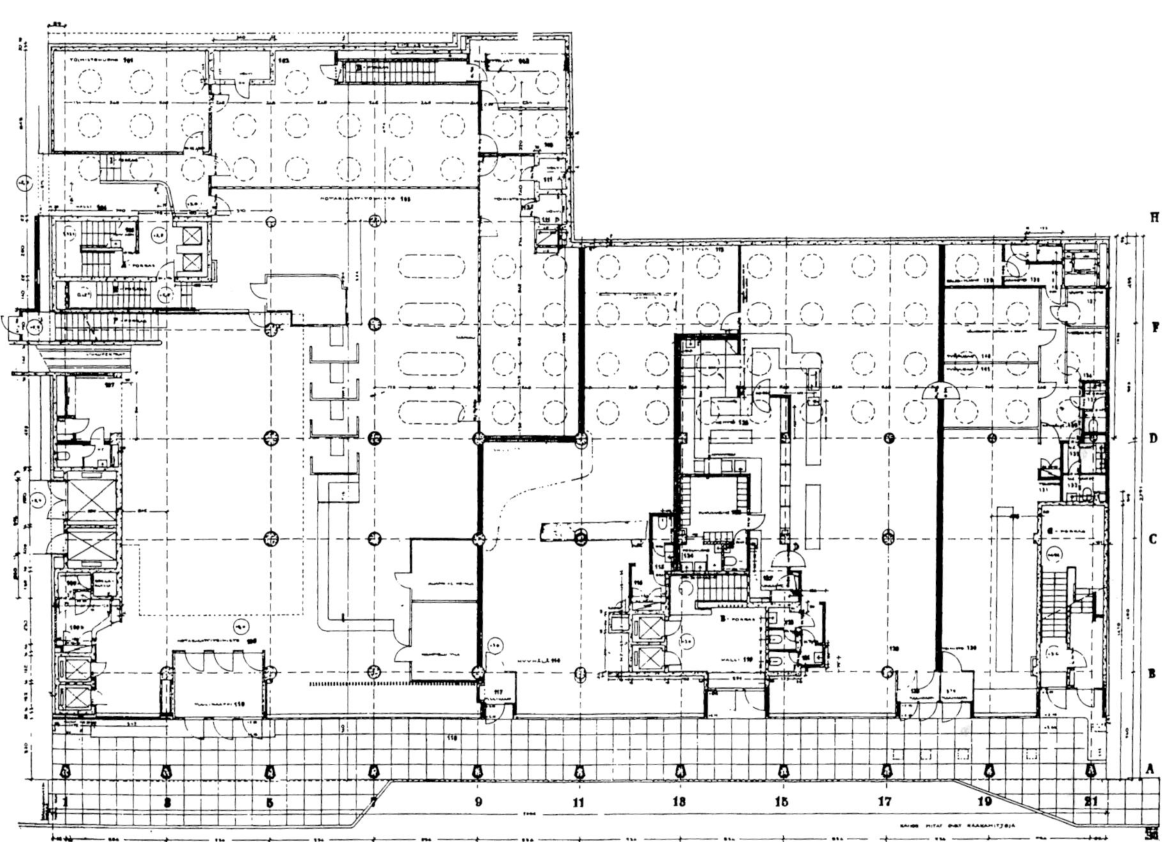

在街道标高上的入口层平面图：包括银行主体、两间商店和小的茶室。室内部分因框架结构而灵活多变。与平面连接到一起的拱廊考虑到了今后街道加宽的可能性。立面上可以看到的材料有黄铜板、花岗岩板材和青铜的橱窗框架。因为框架在立面上看不到，就给人以这样的印象，即立面的建成部分是一个连续统一的网格的片断。立面上的突变是由两种不同的建筑高度引起的，一个在亚历山大卡图一侧，而另一个在滨海大道公园一侧

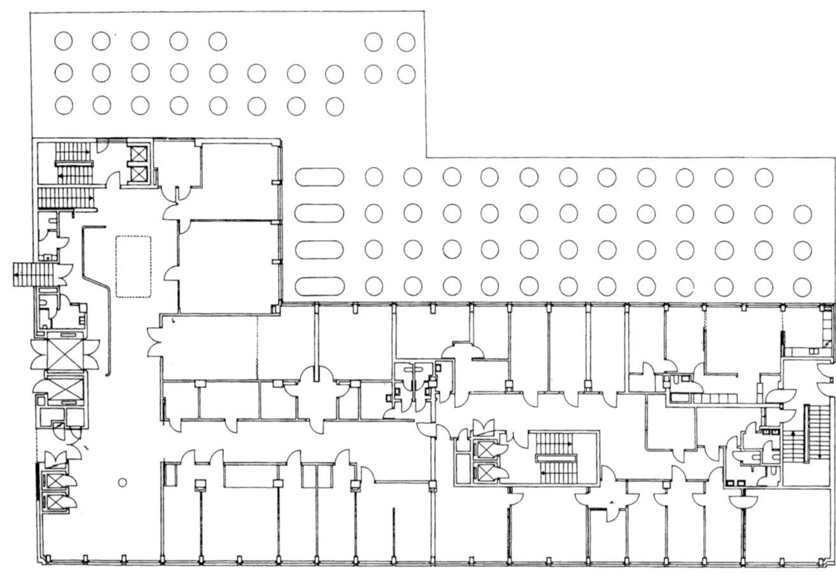

办公室标准层平面图

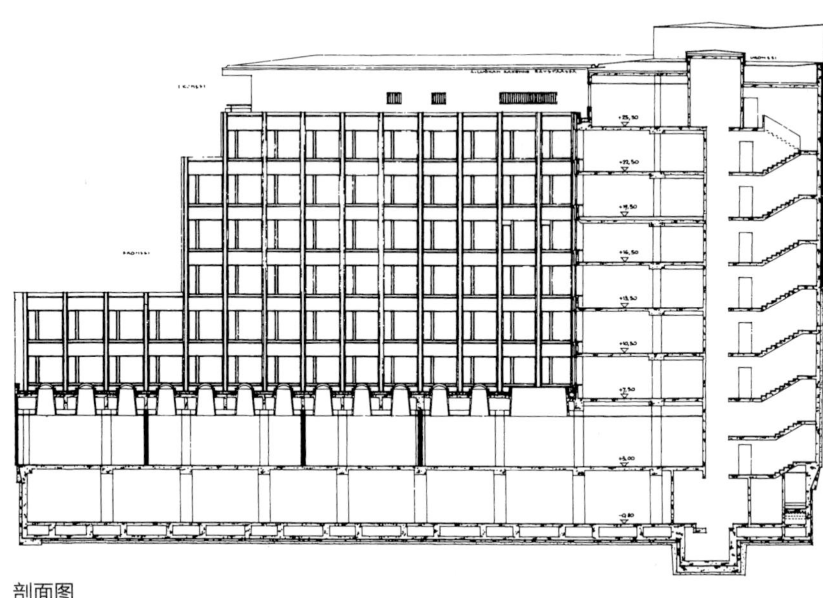

剖面图

柱廊实景

赫尔辛基学术书店

1962 年竞赛，1966—1969 年建造

赫尔辛基的凯斯库萨图（Keskusatu）中央大街上的“柯杰派利兹（Kirjapalatsi）”与其对面的斯塔克曼（Stockmann）百货公司形成了一个组合。人行道的标高和停车场都低于街道的标高。在凯斯库萨图中央大街上有可以经由坡道通往地下设施的出入口。

包括赫尔辛基学术书店 (Academic Bookshop, Helsinki) 在内的建筑主体部分有着不同大小的分隔，其中包含一个三层高的大会堂。行政办公部分位于五楼。

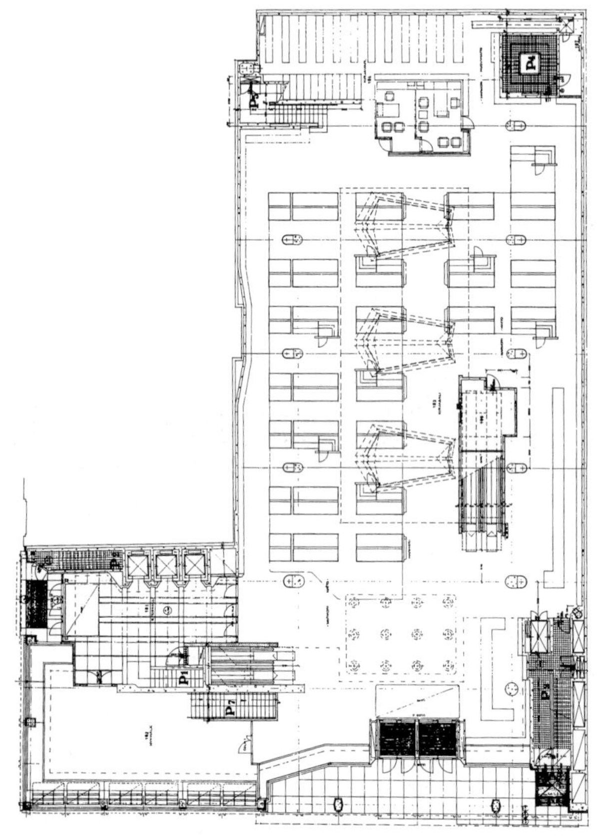

入口层平面图：书店的主入口在北滨海大道上，通向办公层的入口在凯斯库萨图中央大街上，两部自动扶梯导向地下一层和第一销售画廊

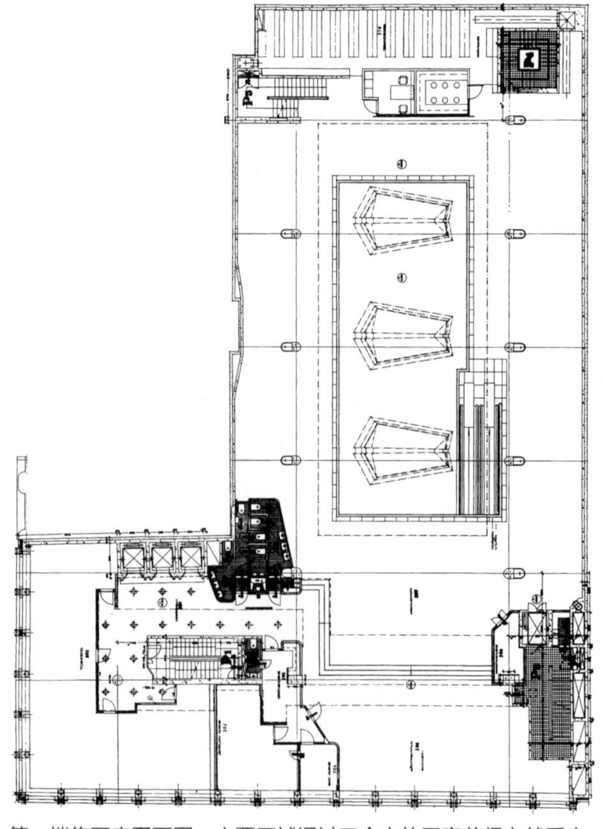

第一销售画廊平面图：主要区域通过三个大的天窗获得自然采光

立面实景

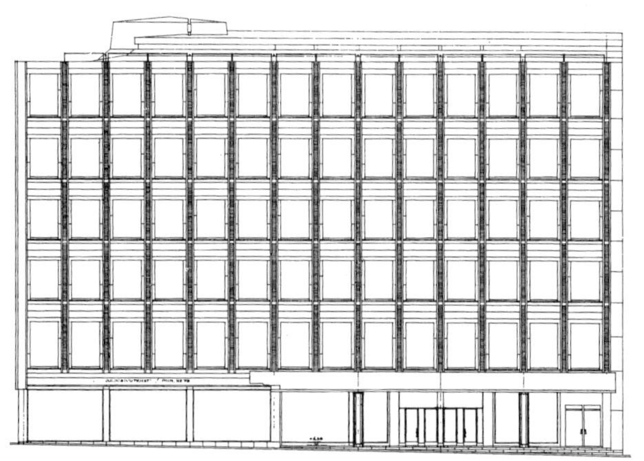

北滨海大道公园（Pohjois-Esplanadi）一侧立面图

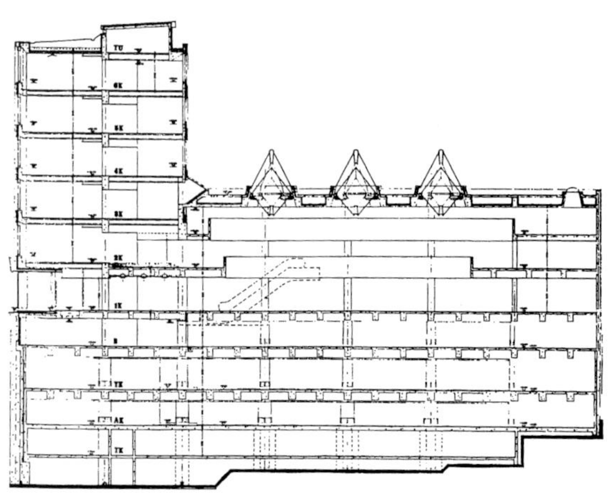

建筑及其天窗区域的纵向剖面图

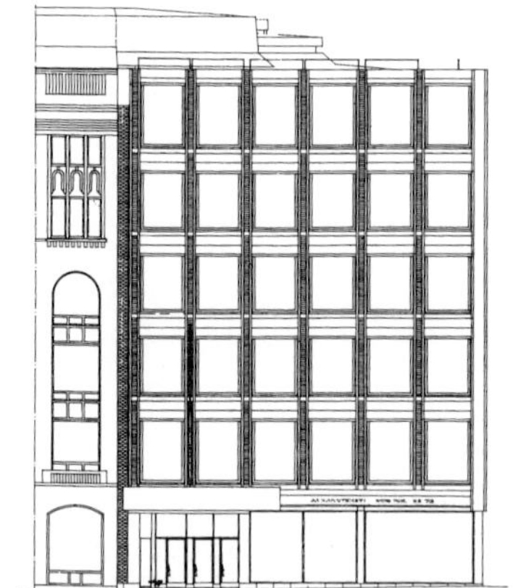

凯斯库萨图中央大街一侧立面图

两条街道凯斯库萨图中央大街与北滨海大道的不同特征在这座位于街角处的建筑立面的设计理念中给予了充分考虑。在两个立面上的基本材料是铜。为了使滨海大道一侧的立面适应该街道的明亮特征，个别部分用了白色的大理石。结构是钢筋混凝土。地下室层表面是花岗岩。金属板构件是铜质的

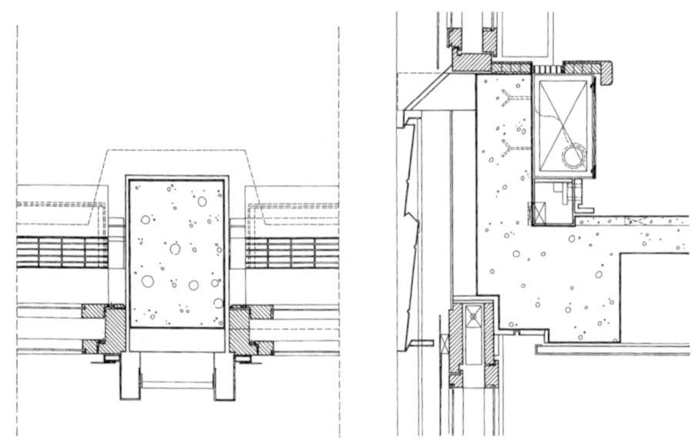

面向凯斯库萨图中央大街一侧铜外皮的外墙和女儿墙细部图

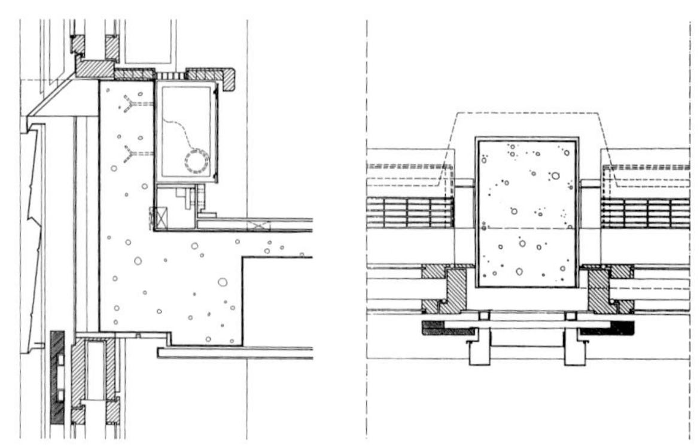

面向北滨海大道公园一侧铜与白色大理石的立面与女儿墙细部图

主区域的室内实景：墙和天花板都被粉刷成白色，地面和画廊矮墙以及扶梯井都是白色大理石饰面

塔米萨里埃克奈斯储蓄银行

1964 年设计，1965—1967 年建造

银行及其附属的商店和办公部分构成了塔米萨里居住与商务中心的第一舞台。埃克奈斯属于瑞典的塔米萨里，是一个位于赫尔辛基西部的古老渔村。其中遍布古老的白色框架的住宅，每一栋都有独立的花园，这些都使得村庄有了自己的魅力。白色的房子与大量高大树木的绿色、深色的大海和蓝色的天空形成了鲜明的对比。

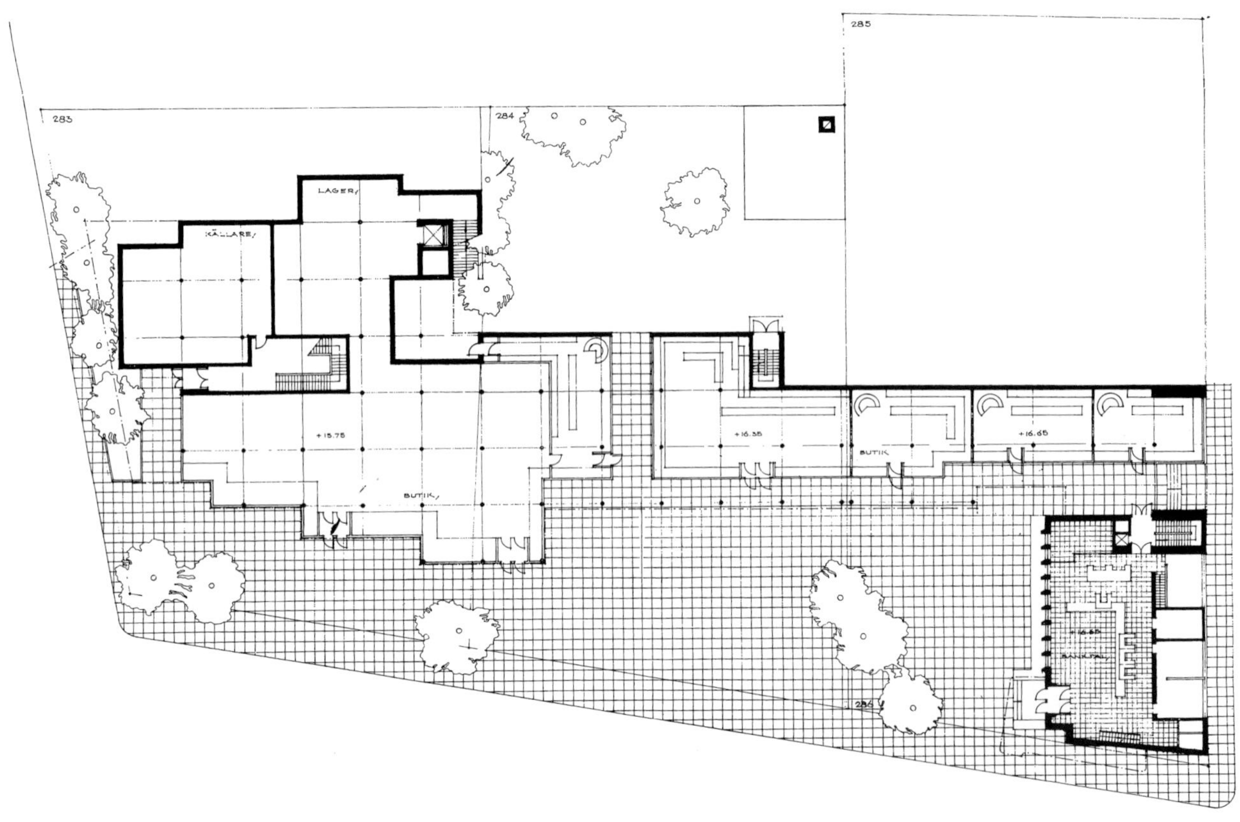

地面层平面图

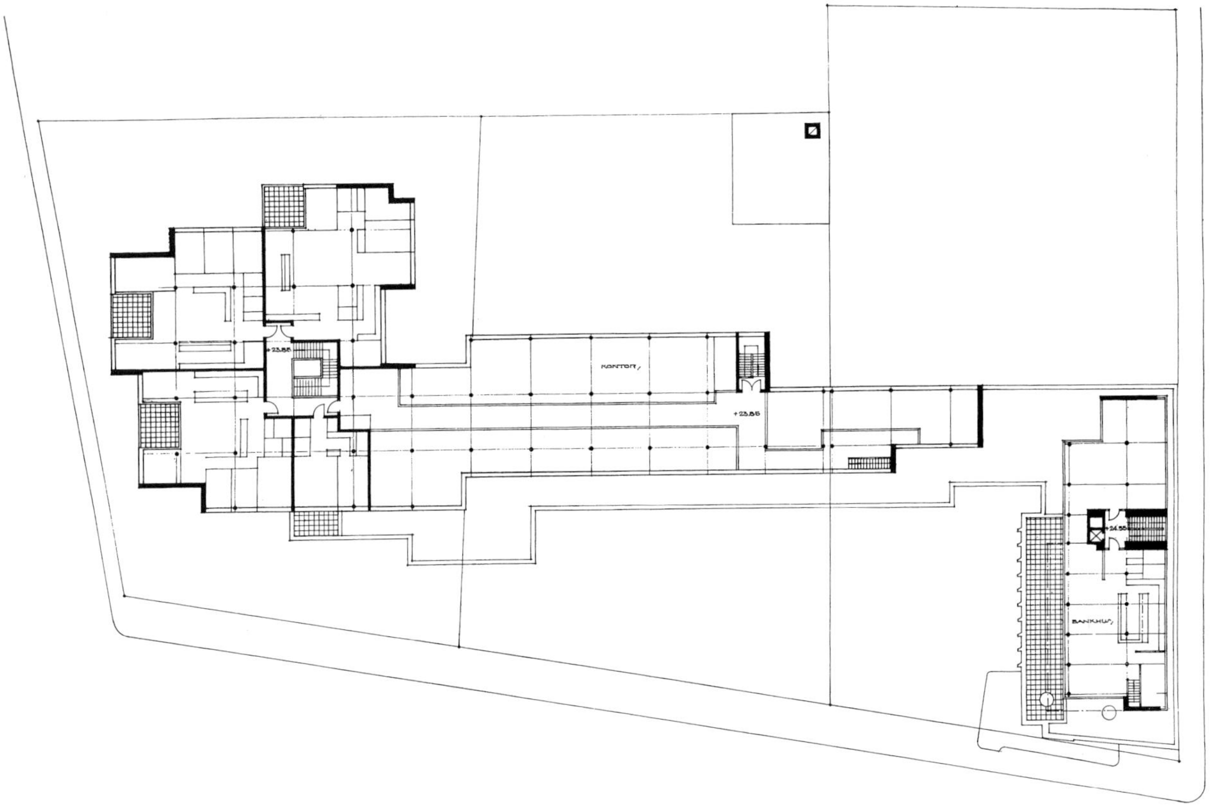

一层平面图：拟定的空间序列，除却银行构成了建筑的主要基调，还包括同尺度的商场和单元住宅。这个概念使建筑综合体与乡村的环境融为一体

像周边的其他建筑一样，埃克奈斯储蓄银行也完全是白色的。建筑外覆白色的大理石，其他的区域都被粉刷成白色。柱子、木构件和屋顶的金属表皮也都被刷成白色。地下室部分和前庭院都铺着灰色花岗岩石板

立面细部

右侧，银行的入口；左侧，商场和办公楼

不来梅高层公寓住宅

1958 年设计，1959—1962 年建造

位于德国的不来梅高层公寓住宅（High-Rise Apartment Block in Bremen）这个项目已经在第 1 卷中出现并且简要地讨论过。

这座高层公寓坐落于诺瓦尔（Neue Vahr）区域的综合建筑群中心，在一个大的广场上。其外围是购物中心。在长方向的一侧是人工湖，另一侧是一个公园，这座公园构成了中心区域的边界。

设计是基于这样的考虑：矩形的并且非常紧缩的一居室单元因加宽的窗户而能获得更广阔的风景。整个建筑只能通过纵向的电梯到达，这样尽管有大量的公寓单元，水平的联系通道仍然可以保持很少。

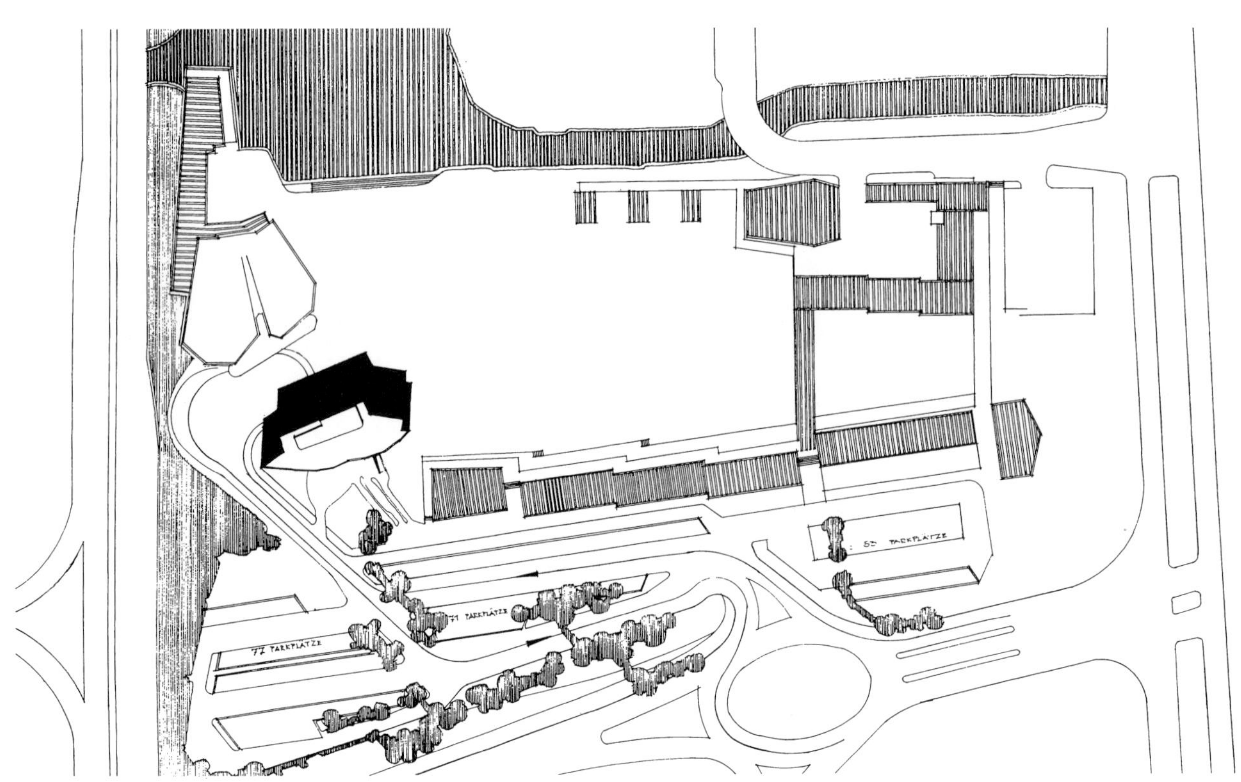

总平面图

西侧立面实景

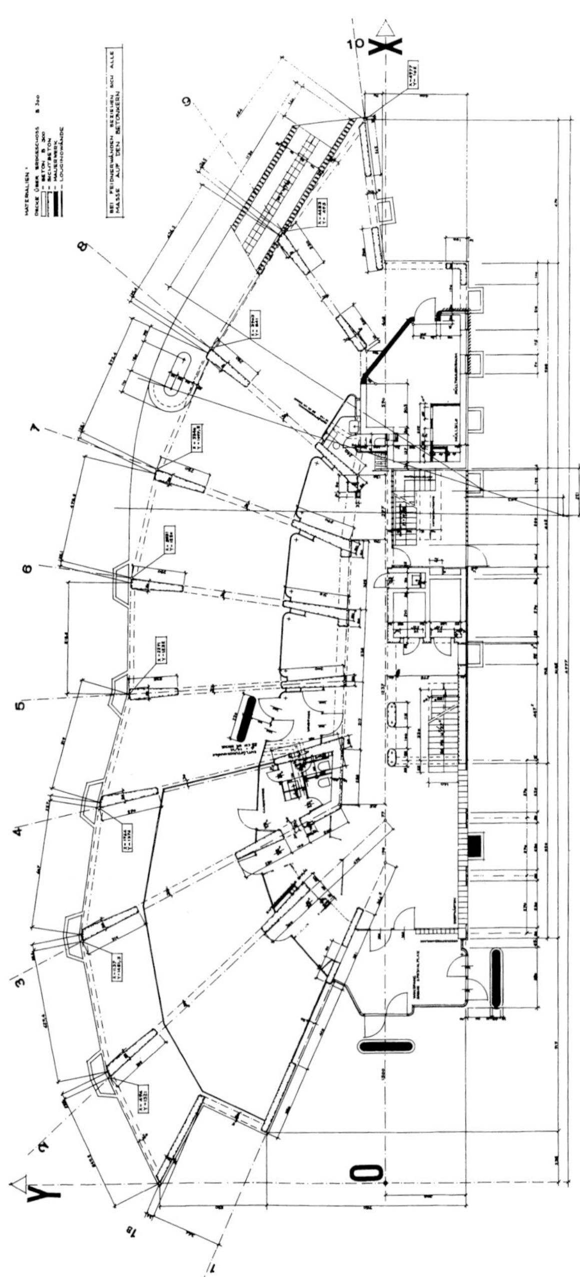

一层平面图：主入口及其大厅、楼梯、电梯和垃圾竖井

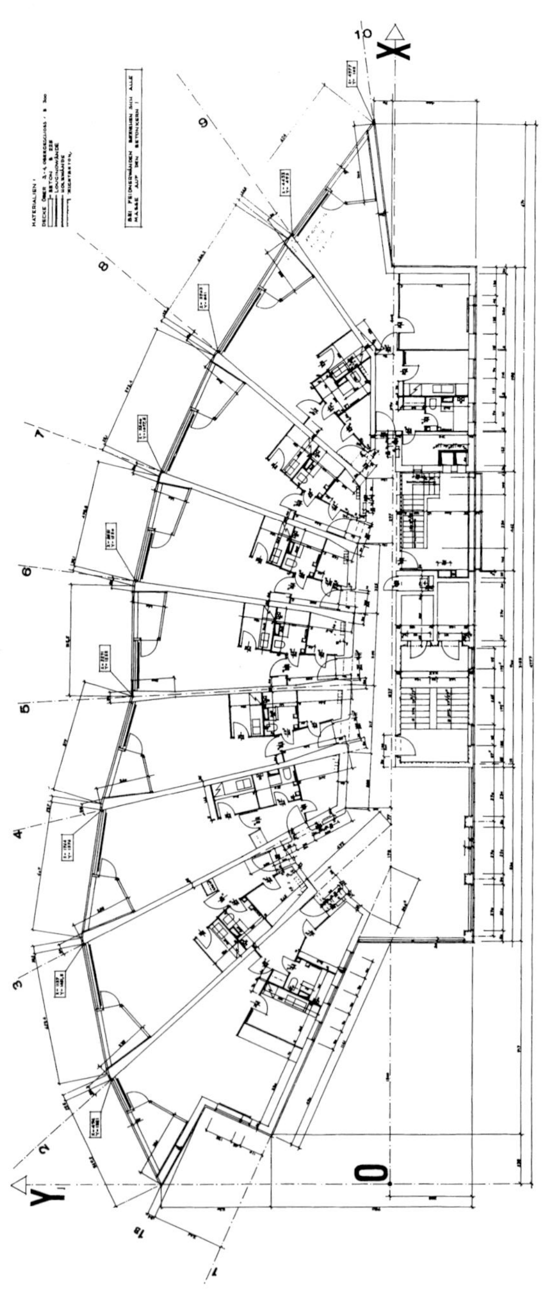

标准层平面图：垂直交通系统包括电梯、楼梯和紧急疏散口，水平走道及其清扫阳台临近疏散楼梯和朝南的休息室。在建筑两侧的端头是一间半或两居室的公寓，在中间区域是 7 间一居室的公寓

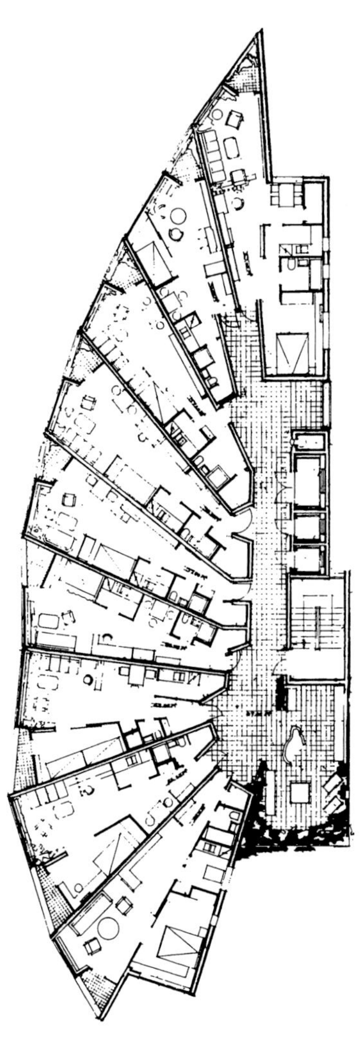

初步设计的标准层平面图

从购物中心看到的南侧立面实景

东侧立面实景：楼梯间的立面以及服务阳台。屋顶上有一个全景平台。墙面板材是钢架混凝土，女儿墙是预制钢架混凝土构件，而楼梯间的立面是轻质构造的石棉水泥瓦。因为大风的因素，这个立面通过可见的环形铁格网进行了加固

立面细部

卢塞恩舒标高层公寓住宅

1965 年设计，1966—1968 年建造

瑞士的卢塞恩舒标高层公寓住宅（Schönbühl High-Rise Apartment House in Lucerne）是对不来梅诺瓦尔区域的高层公寓住宅的进一步发展。两个住宅之间的差别在于卢塞恩公寓试图将多于双房间的公寓放到一个“扇形平面”中。因为经济的原因，每层平面都排布了尽可能多的公寓。这些公寓共用一部楼梯而且只有一组电梯。公寓从所连接的走道和服务区域放射开来（这样可以保持后者尽可能小），这种布置不可避免地产生了“扇形”布局，这将相互之间干扰的弊端降至最低。在卢塞恩这座公寓中，主立面因为要表现不同尺寸的单元而被打散了。

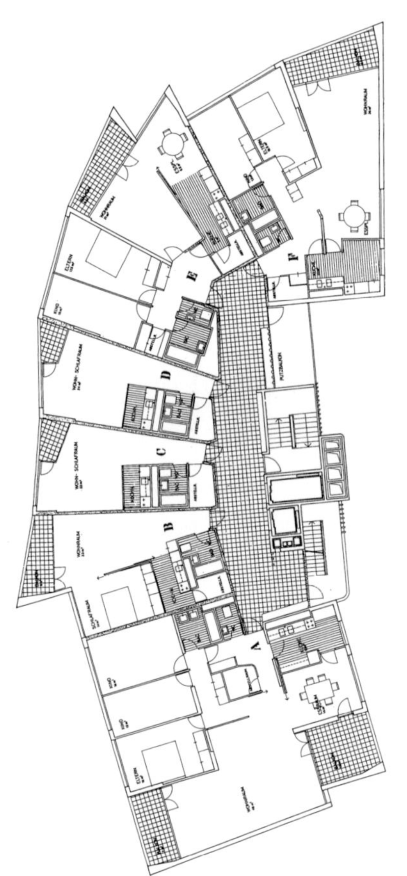

标准层平面图：A 代表五居室公寓、B 代表两居室公寓、C 和 D 代表一居室公寓、E 和 F 代表三居室半公寓

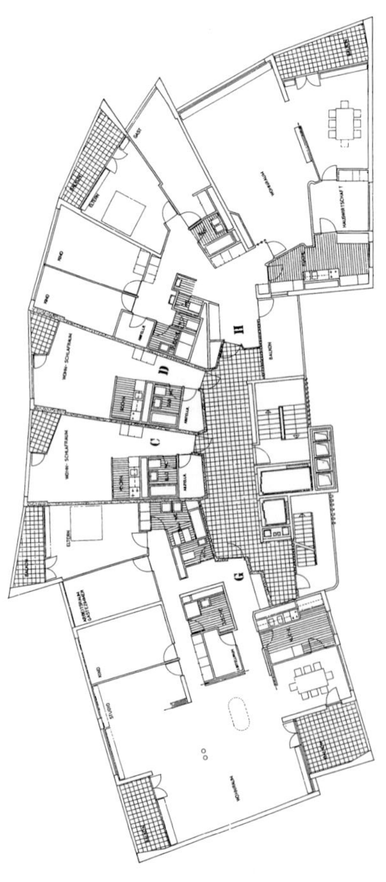

第 14 层平面图：两个豪华六居室公寓其构成超过了 A、B 单元，也超过了 E 和 F

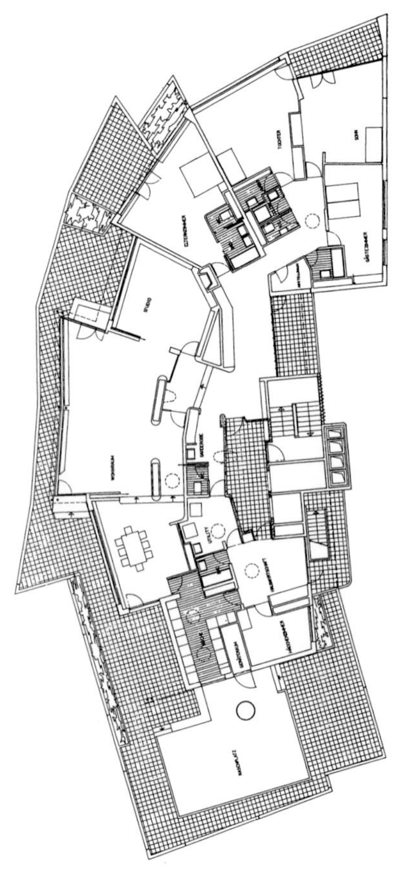

阁楼层平面图：九居室公寓及其大平台区域

西立面和东立面的实景：左侧与购物中心相连接。除了天花板，所有的承重构件都由预制的大尺寸混凝土板构成。外部石材墙面是陶粒混凝土，内部承重墙面是防锈涂料

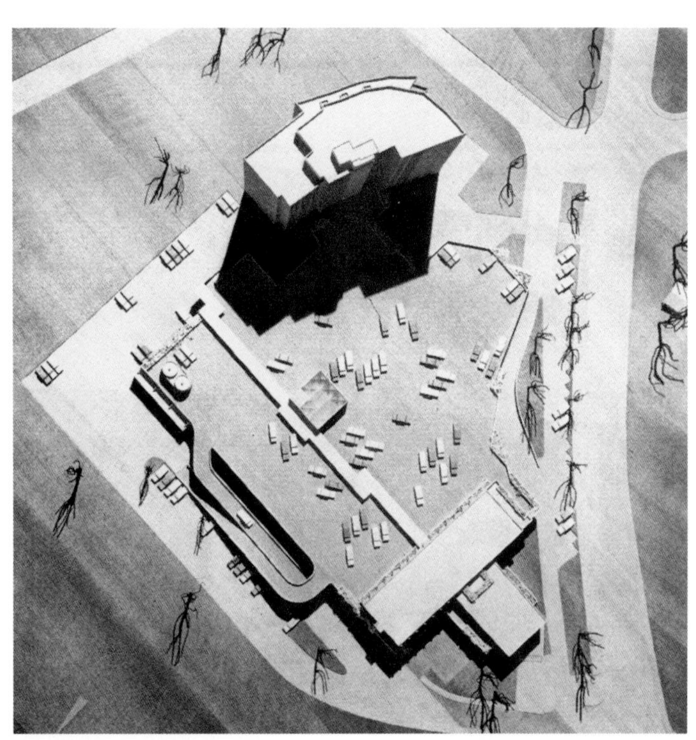

模型照片：其中购物中心是由 A · 罗什（A.Roth）教授设计

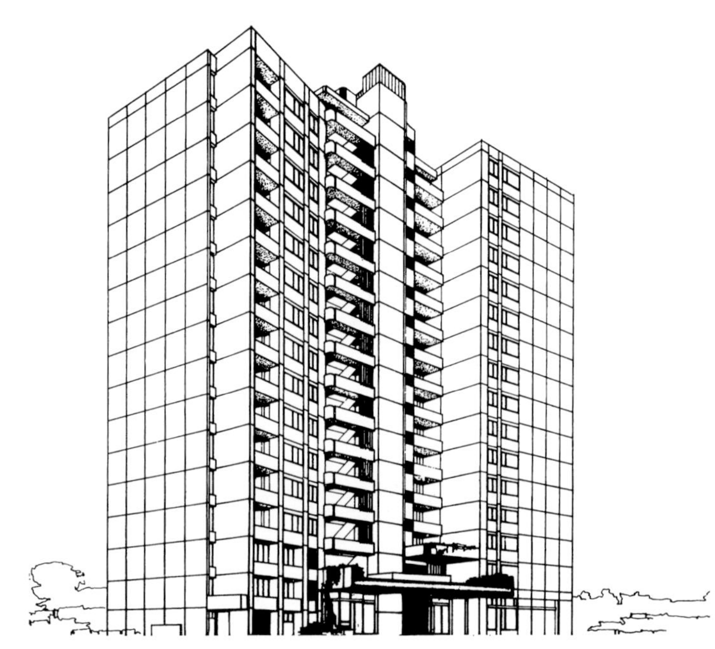

朝向购物中心雕塑般的立面透视图

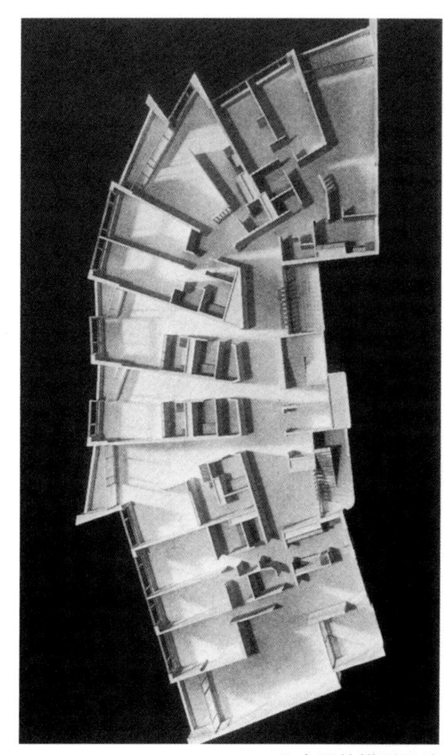

公寓层的模型照片

一层平面图：餐厅、酒吧和厨房、有独立入口的公寓、入口和花房、通向各个房间的独立台阶、中心洗衣店以及门卫区域

以下的四张照片表现了步行绕建筑一周的景象。西面外观。前景，购物中心的部分场景

西及北面外观：从购物中心停车平台所看到的景象，包括高层公寓的侧入口。中间区域表现出中心供热车间的烟囱、开敞的防火楼梯和清扫区域

北和东面外观：木质与金属的玻璃窗是卧室的特征，而起居室的窗户则退到了阳台之后。每一个阳台与其邻居都相隔很远

东和南面外观：尽管相对于阳光的朝向并不恰当，这个面仍因其独一无二的全景视角而被发展成主要的立面。左侧，在一层标高上有餐厅及其厨房、两层公寓、花房和门卫区域，以及每层有六个单独房间的两层多的部分

花房和有独立入口公寓的外观细部实景

餐厅（一）：地面由红色的天然陶土砖构成，固定的安装部分是未刷漆的俄勒冈（Oregon）木材，桌子和椅子是深色橡木，天花板是灰棕色防腐木板条

购物中心和高层公寓之间的通道：主入口和餐厅之间有屋顶遮蔽的通道

餐厅（二）

由阿泰克（Artek）公司提供的“样板间（show apartment）”

附录

1922—1976 年与阿尔瓦·阿尔托的长期合作者

Ragnar Ypyä, Harald Wildhagen, Erling Bjaertnes, Jonas Cederkreutz, Viljo Rewell, Aarne Ervi, Jarl Jaatinen, Elis Urpola, Björn Cederhvarf, Edvin Laine, Markus Tavio, Olof Stenius, Paul Bernoulli, Aili Pulkka, Otto Murtomaa, Olli Pöyry, Aarne Hytönen, Aino Kallio-Ericsson, Veli Paatela, Kaija Paatela, Keijo Ström, Olavi Tuomisto, Erkki Karvinen, Kristian Gullichsen, Jaakko Kontio, Jaakko Kaikkonen, Olli Penttilä, Walter Kaarisalo, Kaarlo Leppänen, Erkki Luoma, Mauno Kitunen, Marja Pöyry, Marja-Leena Vatara, Per-Mauritz Alander, Matti Itkonen, Hans Chr. Slangus, Heikki Takka, Paavo Mänttäri, Kalevi Hietanen, Ilona Lehtinen, Eric Adlercreutz, Jaakko Suihkonen, Theo Senn, Rainer Ott, Peter Hofmann, Eva Koppel, Nils Koppel, Jean-Jacques Baruël, John Mejling, Elisabeth Sachs, Edi Neuenschwander, Lorenz Moser, Ulrich Stucky, Karl Fleig, Michel Magnin, Marlaine Perrochet, Leonardo Mosso, Enslie Oglesby, Erhard Lorenz, Walter Moser, Walter Ziebold, Andreas Zeller, Federico Marconi, Leif Englund, Lea Punsar, Chandra Patel, Lauri Silvennoinen, Marjatta Kivijärvi, Matti Porkka, Atindra Datta, Vezio Nava, Ulla Markelin, Pirkko Söderman, Mauri Liedenpohja, Sverker Gardberg, Erik Vartiainen, Olli Kari, Pertti Ingervo, Klaus Dunker, Sven-Hakan Hägerström, Heikki Hyytiäinen, Anna-Maija Tarkka, Elmar Kunz, Heimo Paanajärvi, Tore Tallqvist, Hector Amorosi, Jyrki Paasi, Hanspeter Burkart, Markus Ritter, Bruno Erat, Ulrich Ruegg, Sebastian Savander, Kari Hyvärinen, Michele Merchkling, Urs Anner, Ernst Hüsser.

摄影师名单

《阿尔瓦·阿尔托全集（第 1 卷：1922—1962 年）》
Heikki Havas, Helsinki (Villa Carré, Kultuuritalo, Museum Reval, Muuratsalo, Volkspensionsanstalt, Interbau, Vuoksenniska, Jyväskylä, Rautatalo); Heidersberger, Schloß Wolfsburg (Wolfsburg); Hugo P. Herdeg, Zürich (Finnischer Pavillon der Pariser Weltausstellung); H. Iffland, Helsinki (Kleinstwohnung, Paimio); Perti Ingervo, Helsinki (Enso-Gutzeit Oy., Jyväskylä, Vuoksenniska); Kleine-Tebbe, Bremen (Hochhaus Bremen); Pekka Laurila, Helsinki (Villa Carré); Eino Käkinen, Helsinki (Villa Mairea, Rautatalo, Säynätsalo); Kalevi A. Mäkinen, Seinäjoki (Seinäjjoki); Federico Marconi, Udine (Enso-Gutzeit Oy.); Leonardo Mosso, Turin (Atelier); Roos, Helsinki (Kapelle Malm, Sunila); Lisbeth Sachs, Zürich (M.I.T. Dormitory); Ezra Stoller, New York (Pavillon New York); Karl und Helma Toelle, Berlin-Linchterfelde (Interbau); Valokuva Oy., Kolmio (Möbelstudien, Artek, Kuopio, Villa Mairea, Säynätsalo); Gustav Velin, Turku (Turun Sanomat, Bioliothek Viipuri, Paimio).

《阿尔瓦·阿尔托全集（第 2 卷：1963—1970 年）》
Morley Baer, Berkeley; Rolf Dahlström, Helsinki; Karl Freig, Zürich; Robert Gnat, Zürich; Peter Grünert, Zürich; Heikki Havas, Helsinki; H. Heidersberger, Wolfsburg; Holmström, Ekenäs; Kalevi Hujanen OY, Helsinki; Eva und Pertti Ingervo, Helsinki; Perter Kaiser, Zürich; Mikko Karjanoja; Wolf Lücking, Berlin; Mats Wibe Lund, Reykjavik; Kalevi A. Mäkinen, Seinäjoki; Leonardo Mosso, Turin; O. Pfeiffer, Luzern; Pietinen, Seinäjoki; Simo Rista, Helsinki; Matti Saanio, Rovaniemi

《阿尔瓦·阿尔托全集（第 3 卷：方案与最后的建筑）》
P. Auer, Ä. Fethulla, K. Fleig, K. Hakli, T. Hüsser, E. Ilmonen, E. + P. Ingervo, Keystone, H.Laatta, H.Matter, L. Mosso, T. Nousiainen, P. Oksala, M. Perrochet, Pietinen, M. Saanio, P. Torinese, Valokuva Oy, A. Villani & Figli